"十四五"职业教育国家规划教材

机械设计基础实训指导

（第三版）

◎ 主　编　韩玉成
◎ 副主编　吕　彬　杨玉霞
　　　　　王玉林

大连理工大学出版社

图书在版编目(CIP)数据

机械设计基础实训指导／韩玉成主编．--3版．--大连：大连理工大学出版社，2021.12(2024.2重印)
新世纪高职高专装备制造大类专业基础课系列规划教材
ISBN 978-7-5685-2899-3

Ⅰ．①机… Ⅱ．①韩… Ⅲ．①机械设计－高等职业教育－教学参考资料 Ⅳ．①TH122

中国版本图书馆 CIP 数据核字(2021)第 000491 号

大连理工大学出版社出版

地址:大连市软件园路 80 号　邮政编码:116023
发行:0411-84708842　邮购:0411-84708943　传真:0411-84701466
E-mail:dutp@dutp.cn　URL:http://dutp.dlut.edu.cn
大连永盛印业有限公司印刷　　大连理工大学出版社发行

幅面尺寸:185mm×260mm　印张:11.25　字数:274 千字
2013 年 3 月第 1 版　　　　　　　2021 年 12 月第 3 版
2024 年 2 月第 2 次印刷

责任编辑:唐　爽　　　　　　　　责任校对:陈星源
封面设计:张　莹

ISBN 978-7-5685-2899-3　　　　　　　定　价:33.00 元

本书如有印装质量问题,请与我社发行部联系更换。

前 言

《机械设计基础实训指导》(第三版)是"十四五"职业教育国家规划教材、"十三五"职业教育国家规划教材。本教材与《机械设计基础》(第五版)配套使用。

本教材按照高等职业教育培养技能型技术人才的目标,结合作者多年教学经验和教改实践成果编写而成。教材共分为两个模块:实训任务模块和设计参考资料模块。实训任务模块包括七个任务,主要介绍了带式输送机传动系统总体设计,减速器传动系统设计,减速器传动件设计,减速器的结构、轴系零部件及附件设计,减速器装配图设计,减速器零件图设计,编写设计计算说明书和准备答辩;设计参考资料模块包括机械设计常用标准、规范和其他设计资料。

本教材在编写过程中力求突出以下特点:

1. 每个实训任务下设"知识目标""能力目标""知识导图""知识总结""能力检测"等环节,有利于学生将专业知识与专业技术融于一体,提高学生应用知识解决实际问题能力。

2. 在保持上两版教材简明、实用的前提下,优化并完善教材内容。

3. 结合学生的认知能力和素质基础,以圆柱齿轮减速器为例,介绍了机械设计的全过程,并编入了设计计算实例,便于学生把学习、模仿设计与借鉴创新结合起来,提高学生的机械设计能力。

4. 采用现行国家标准和技术规范,使用国家标准规定的计量单位、名词术语和符号,以便学生更好地学习和贯彻。

本教材由辽宁机电职业技术学院韩玉成任主编,黑龙江农垦科技职业学院吕彬、济源职业技术学院杨玉霞、辽宁黄海汽车(集团)有限责任公司王玉林任副主编。具体编写分工如下:韩玉成编写课程导入和模块一;杨玉霞编写资料

一至资料五；吕彬编写资料六至资料九；王玉林编写资料十至资料十二。全书由韩玉成负责统稿和定稿。

在编写本教材的过程中，编者参考、引用和改编了国内外出版物中的相关资料以及网络资源，在此对这些资料的作者表示深深的谢意！请相关著作权人看到本教材后与出版社联系，出版社将按照相关法律的规定支付稿酬。

尽管我们在探索教材的特色建设方面做出了许多努力，但由于时间仓促，教材中仍可能存在一些错误和不足，恳请各教学单位和读者在使用本教材时多提宝贵意见，以便下次修订时改进。

编　者

2021 年 12 月

所有意见和建议请发往：dutpgz@163.com

欢迎访问职教数字化服务平台：http://sve.dutpbook.com

联系电话：0411-84707424　84708979

目 录

课程导入 ……………………………………………………………………………… 1

模块一　实训任务

任务一　带式输送机传动系统总体设计 …………………………………………… 7
任务二　减速器传动系统设计 ……………………………………………………… 12
任务三　减速器传动件设计 ………………………………………………………… 20
任务四　减速器的结构、轴系零部件及附件设计 ………………………………… 26
任务五　减速器装配图设计 ………………………………………………………… 53
任务六　减速器零件图设计 ………………………………………………………… 73
任务七　编写设计计算说明书和准备答辩 ………………………………………… 88

模块二　设计参考资料

资料一　一般标准 …………………………………………………………………… 95
资料二　常用金属材料 ……………………………………………………………… 99
资料三　极限与配合 ………………………………………………………………… 105
资料四　几何公差 …………………………………………………………………… 110
资料五　表面粗糙度 ………………………………………………………………… 116
资料六　螺纹连接 …………………………………………………………………… 121
资料七　键连接和销连接 …………………………………………………………… 139
资料八　联轴器 ……………………………………………………………………… 147

资料九　滚动轴承 ·· 158

资料十　密封件 ·· 164

资料十一　电动机 ·· 168

资料十二　润滑油 ·· 170

参考文献 ·· 173

课程导入

> ✓ **知识目标**
> ◎ 了解机械设计基础课程设计的目的。
> ◎ 掌握机械设计基础课程设计的内容。
> ◎ 分析机械设计基础课程设计的题目。
>
> ✓ **能力目标**
> ◎ 根据原始数据和已知条件,选择机械设计基础课程设计的任务。

一、机械设计基础课程设计的目的

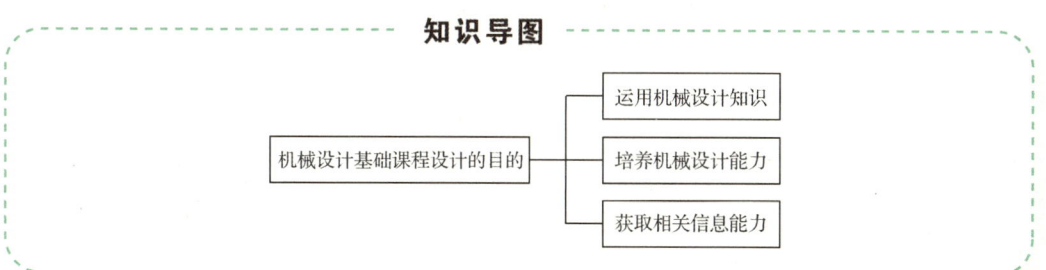

课程设计是机械设计基础课程重要的教学环节,是对学生机械设计能力的一次综合训练。

课程设计的主要目的如下:

(1)培养学生综合运用机械设计基础课程及有关先修课程(机械制图、公差配合与技术测量、机械工程材料等课程)的知识和生产实践知识解决工程实际问题的能力,巩固、深化、融会贯通及扩展有关机械设计方面知识。

(2)学会从机器功能的要求出发,合理选择执行机构和传动机构的类型,制定传动方案,合理选择标准部件的类型和型号,正确计算零件的工作能力,确定其尺寸、形状、结构及材料,并考虑制造工艺、使用、维护、经济和安全等问题,培养机械设计能力,为后续课程的学习和实际工作打好基础。

(3)学会运用标准、规范、手册、图册和查阅科技文献资料及应用计算机等,培养机械设计的基本技能和获取有关信息的能力,学会编写一般的设计计算说明书。

二、机械设计基础课程设计的内容

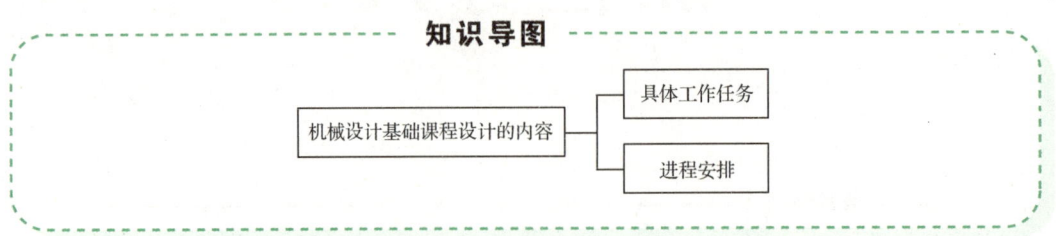

课程设计一般选择机械传动装置或简单机械作为设计课题,常见的题目是以齿轮减速器为主的机械传动装置。如图1所示为带式输送机传动装置。

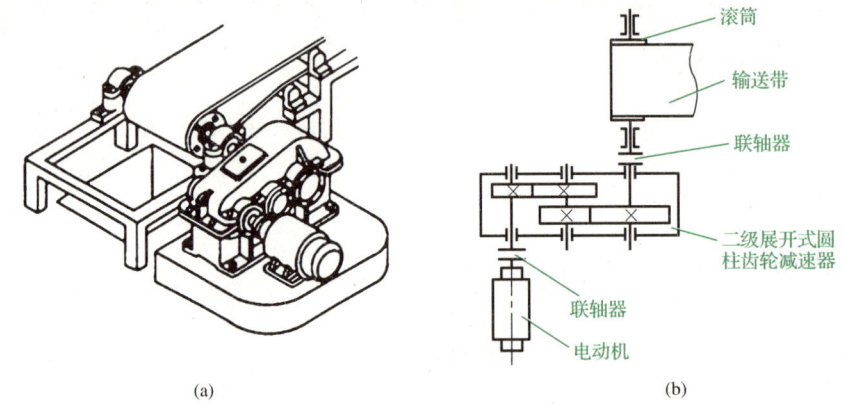

图 1　带式输送机传动装置

课程设计的主要内容及进程安排见表1。

表 1　课程设计的主要内容及进程安排

阶 段	设计内容	具体工作任务	时间/天	备 注
1	设计准备	(1)阅读、研究设计任务书,明确设计内容和要求; (2)分析设计题目,了解原始数据和工作条件; (3)拟订和分析传动方案	0.5	安排拆装减速器实物,进一步了解和熟悉设计对象,以提高设计能力
2	传动系统整体设计	(1)选择电动机; (2)计算总传动比,并分配各级传动比; (3)计算传动系统的运动和动力参数	0.5	
3	传动件设计	(1)V带传动设计; (2)齿轮传动设计,确定其主要参数和结构形式	1	
4	减速器轴系零部件设计	(1)减速器轴的结构设计,同时初选滚动轴承型号和联轴器型号; (2)轴的强度校核计算; (3)滚动轴承寿命计算和键连接的强度计算	1.5	
5	减速传动件和支承件结构设计	(1)齿轮结构设计; (2)滚动轴承组合设计	1	
6	减速器箱体结构及其附件设计	(1)减速器箱体结构尺寸设计; (2)减速器附件设计	1.5	

续表

阶 段	设计内容	具体工作任务	时间/天	备 注
7	减速器装配图的绘制	完成减速器装配图	1.5	安排拆装减速器实物,进一步了解和熟悉设计对象,以提高设计能力
8	减速器零件图的绘制	(1)绘制齿轮零件图; (2)绘制轴或齿轮轴零件图; (3)绘制箱体零件图	1	
9	说明书的编写	编写设计计算说明书	1	
10	设计小结	写设计小结,准备答辩	0.5	

三、机械设计基础课程设计的题目

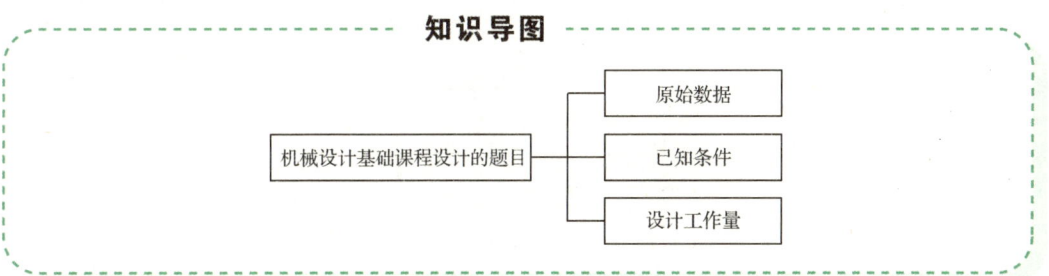

知识导图

机械设计基础课程设计的题目 —— 原始数据 / 已知条件 / 设计工作量

1. 设计带式输送机传动装置(采用一级齿轮减速器)

带式输送机传动装置(采用一级齿轮减速器)如图 2 所示。

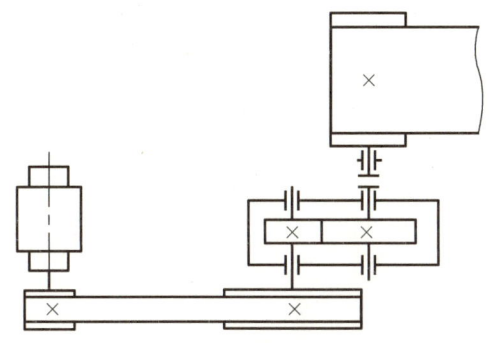

图 2　带式输送机传动装置(采用一级齿轮减速器)

图 2 所示带式输送机传动装置的原始数据见表 2。

表 2　　　　　　　　　　　　　原始数据 1

已知条件	题 号									
	1	2	3	4	5	6	7	8	9	10
输送带工作拉力 F/kN	1.2	1.5	1.8	2.0	2.2	2.5	2.8	3.0	3.5	4.0
输送带工作速度 v/(m·s^{-1})	1.1	1.2	1.3	1.4	1.5	1.5	1.4	1.3	1.5	1.4
滚筒直径 D/mm	200	220	240	250	280	300	350	300	250	300

已知条件：
(1)工作情况：两班制，连续单向运转，载荷较平稳，允许输送带速度误差为±0.5%；
(2)使用折旧期：8年；
(3)动力来源：电力，三相交流，电压380 V/220 V；
(4)滚筒效率为0.96(包括滚筒与轴承的效率损失)。

设计工作量：
(1)减速器装配图1张；
(2)零件图1～3张；
(3)设计计算说明书1份。

2. 设计带式输送机传动装置（采用二级齿轮减速器）

带式输送机传动装置（采用二级齿轮减速器）如图3所示。

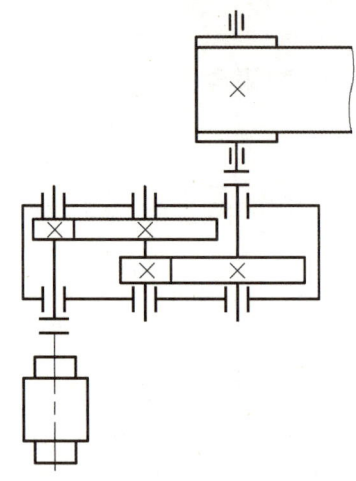

图3　带式输送机传动装置（采用二级齿轮减速器）

图3所示带式输送机传动装置的原始数据见表3。

表3　原始数据2

已知条件	题号									
	1	2	3	4	5	6	7	8	9	10
输送带工作拉力 F/kN	7.0	6.5	6.0	5.5	5.2	5	4.8	4.5	4.2	4.0
输送带工作速度 v/(m·s^{-1})	1.1	1.2	1.3	1.4	1.5	0.8	0.9	1.0	0.9	0.8
滚筒直径 D/mm	400	400	450	450	500	320	330	360	335	335

已知条件：
(1)工作情况：两班制，连续单向运转，载荷较平稳，允许输送带速度误差为±0.5%；
(2)使用折旧期：8年；
(3)动力来源：电力，三相交流，电压380 V/220 V；
(4)滚筒效率：0.96(包括滚筒与轴承的效率损失)。

设计工作量：
(1)减速器装配图1张；
(2)零件图1～3张；
(3)设计计算说明书1份。

模块一
实训任务

任务一
带式输送机传动系统总体设计

☑ **知识目标**
◎ 掌握传动机构类型选择的一般原则。
◎ 了解减速器的类型、特点及应用。

☑ **能力目标**
◎ 根据具体的工作要求选择合理的传动方案。
◎ 正确选择减速器的类型,分析其特点及应用。

一、分析传动方案

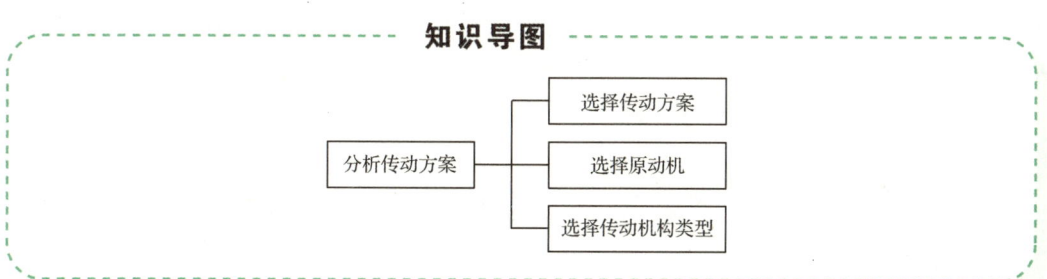

机器通常由原动机(如电动机、内燃机等)、传动装置和工作机三部分组成。

传动装置一般包括传动件和支承件两部分。它在原动机和工作机之间传送原动机的动力,变换其运动形式、速度和转矩,以实现工作机预定的工作要求。

1. 选择传动方案

传动方案一般用机构运动简图表示。它反映运动和动力传递路线和各部件的组成和连接关系。

传动方案首先应满足工作机的性能要求,适应工作条件,工作可靠。此外,还应结构简单,尺寸紧凑,成本低,传动效率高,操作维护方便等。要同时满足上述要求往往比较困难,因此,应根据具体的设计任务有侧重地保证主要设计要求,选用比较合理的传动方案。

如图1-1-1所示为带式输送机的四种传动方案。

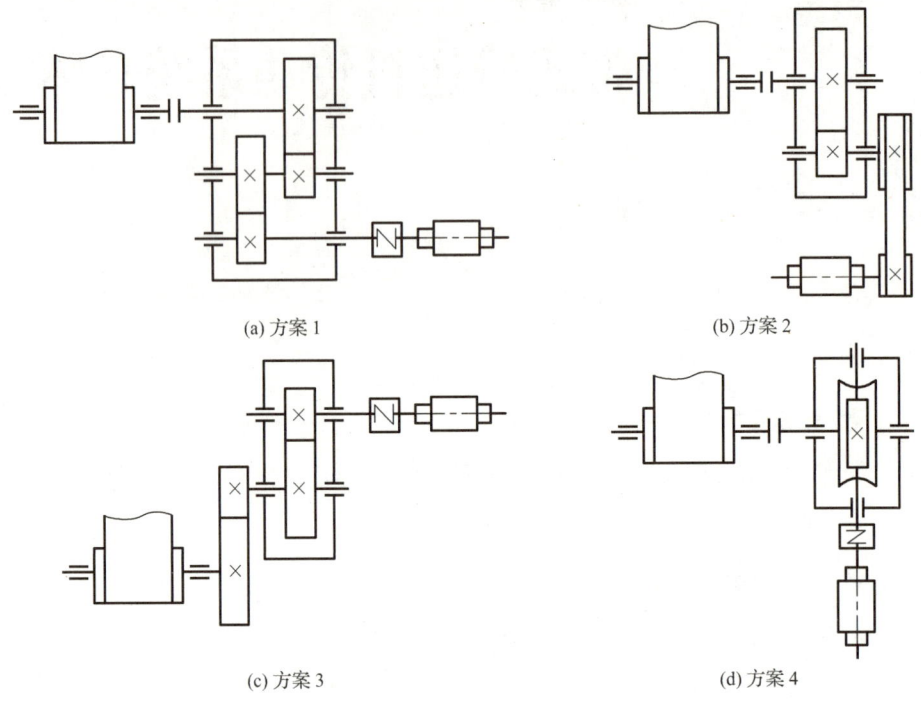

图 1-1-1　带式输送机的四种传动方案

方案1采用二级圆柱齿轮减速器,如图1-1-1(a)所示。该方案结构尺寸小,传动效率高,适合在较差的工作环境下长期工作。

方案2采用一级带传动和一级闭式齿轮传动,如图1-1-1(b)所示。该方案外廓尺寸较大,有减振和过载保护作用,但难以满足繁重的工作要求,不适用于恶劣的工作环境。

方案3采用一级闭式齿轮传动和一级开式齿轮传动,如图1-1-1(c)所示。该方案成本较低,但使用寿命短,不适用于较差的工作环境。

方案4采用一级蜗杆传动,如图1-1-1(d)所示。该方案结构紧凑,但传动效率低,长期工作不经济。

以上四种传动方案虽然都能满足带式输送机的功能要求,但在结构尺寸、性能指标、经济性等方面均有较大差异,要根据具体的工作要求选择合理的传动方案。

2. 选择原动机

如无特殊需要,常选用交流电动机作为原动机。

3. 选择传动机构类型

传动机构类型选择的一般原则如下:

(1)小功率传动,宜选用结构简单、价格便宜、标准化程度高的传动机构,以降低制造成本。

(2)大功率传动,应优先选用传动效率高的传动机构,如齿轮传动,以降低能耗。

(3)工作中可能出现过载的工作机应选用具有过载保护作用的传动机构,如带传动机构。但在易爆、易燃场合，不能选用摩擦带传动机构，以防止静电引起火灾。

（4）载荷变化较大、换向频繁的工作机，应选用具有缓冲吸振能力的传动机构，如带传动。

（5）工作温度较高、潮湿、多粉尘、易爆、易燃场合，宜选用链、闭式齿轮或蜗杆传动。

（6）当要求两轴保持准确的传动比时，应选用齿轮或蜗杆传动。

为便于比较和选型，将常用传动机构的主要特性及适用范围列于表1-1-1中，以供确定传动方案时参考。

表 1-1-1 常用传动机构的主要特性及适用范围

选用指标		平带传动	V带传动	链传动	齿轮传动		蜗杆传动
功率常用值/kW		小（≤20）	中（≤100）	中（≤100）	大（≤50 000）		中（≤50）
单级传动比	常用值	2～4	2～4	2～5	圆柱 3～5	圆锥 2～3	10～40
	最大值	5	7	6	8	5	80
许用线速度/(m·s^{-1})		≤25	≤25～30	≤40	6级精度直齿≤18，非直齿≤36；5级精度达100		≤15～35
外廓尺寸		大	大	大	小		小
传动精度		低	低	中等	高		高
工作平稳性		好	好	较差	一般		好
自锁能力		无	无	无	无		可有
过载保护作用		有	有	无	无		无
使用寿命		短	短	中等	长		中等
缓冲吸振能力		好	好	中等	差		差
要求制造及安装精度		低	低	中等	高		高
要求润滑条件		不需要	不需要	中等	高		高
环境适应性		不能接触酸、碱、油类、爆炸性气体		好	一般		一般

二、减速器的类型、特点及应用

知识导图

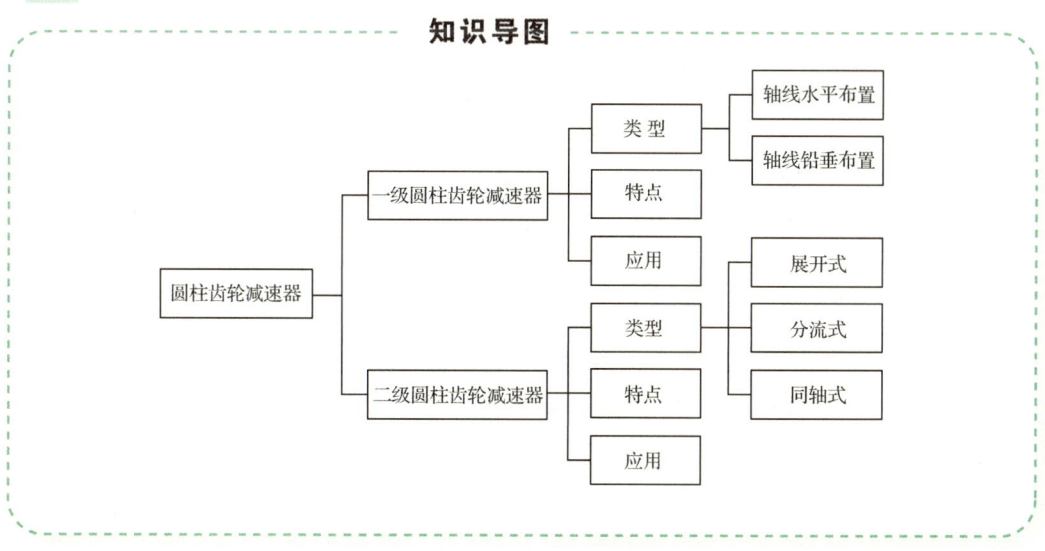

圆柱齿轮减速器是位于原动机和工作机之间的封闭式机械传动装置。它由封闭在箱体内的传动齿轮所组成，主要用来减小转速、增大转矩或改变运转方向。由于其传递运动准确可靠，结构紧凑，效率高，寿命长，且使用维修方便，因而得到广泛的应用。

一级圆柱齿轮减速器常用的传动布置形式有轴线水平布置和轴线铅垂布置两种，如图 1-1-2 所示。可用直齿、斜齿或人字齿齿轮：直齿齿轮用于速度较小或载荷较轻的传动；斜齿或人字齿齿轮用于速度较大或载荷较重的传动。箱体常用铸铁铸造，轴承常用滚动轴承，传动比 i 一般小于 5，直齿 $i \leqslant 4$，斜齿 $i \leqslant 6$。传递功率可达数万千瓦，效率较高，工艺简单，精度易于保证，一般工厂均能制造，应用广泛。

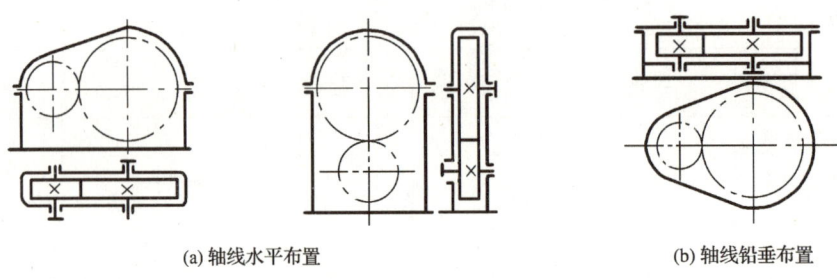

(a) 轴线水平布置　　　　　　　　　　(b) 轴线铅垂布置

图 1-1-2　一级圆柱齿轮减速器常用的传动布置形式

二级圆柱齿轮减速器常用的传动布置形式有展开式、分流式和同轴式三种，如图 1-1-3 所示。传动比一般为 8～40。

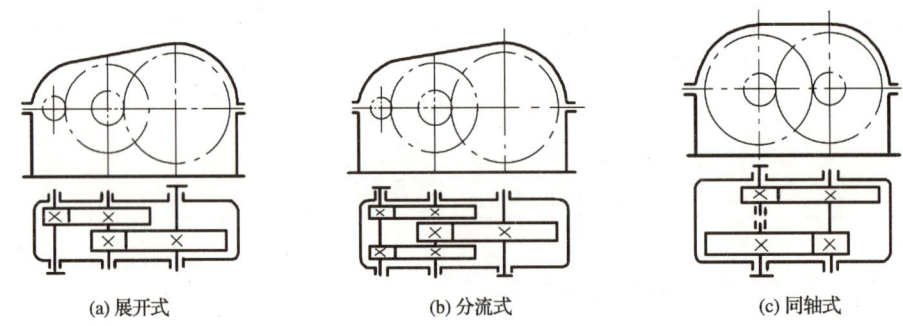

(a) 展开式　　　　　　　(b) 分流式　　　　　　　(c) 同轴式

图 1-1-3　二级圆柱齿轮减速器常用的传动布置形式

二级展开式圆柱齿轮减速器的高速级常用斜齿，低速级可用直齿或斜齿。由于齿轮相对于轴承为不对称布置，要求轴有较大刚度。高速级齿轮远离转矩输入端，以减少因弯曲变形所引起的载荷沿齿宽分布不均的现象。二级展开式圆柱齿轮减速器应用广泛，常用于载荷较平稳的场合。

二级分流式圆柱齿轮减速器的齿轮相对于轴承对称布置，常用于较大功率、变载荷场合。

二级同轴式圆柱齿轮减速器，长度方向尺寸较小，但轴向尺寸较大，中间轴较长，刚度较差，轴承润滑困难。当两个大齿轮浸油深度大致相同时，高速级齿轮的承载能力难以充分利用，仅有一个输入轴和输出轴，传动布置受到限制。

二级圆柱齿轮减速器的轴线可以水平或铅垂布置。

知识总结

1. 课程设计的主要内容是完成传动装置的设计任务，包括传动方案的选定、零件的设计，以及绘制二级齿轮减速器的装配图和零件图。

2. 机器通常由原动机（如电动机、内燃机等）、传动装置和工作机三部分组成。传动装置一般包括传动件和支承件两部分。它在原动机和工作机之间传送原动机的动力，变换其运动形式、速度和转矩，以实现工作机预定的工作要求。传动方案一般用机构运动简图表示。它反映运动和动力传递路线和各部件的组成和连接关系。

3. 圆柱齿轮减速器是位于原动机和工作机之间的封闭式机械传动装置。二级圆柱齿轮减速器常用的传动布置形式有展开式、分流式和同轴式三种。

能力检测

1. 传动装置的总体设计包括哪些内容？
2. 简述你设计的带式输送机的四种传动方案的特点。你为什么设计成这样的结构？
3. 简述你在设计中有哪些方面考虑了设计任务书中给出的原始数据和已知条件。

任务二
减速器传动系统设计

✓ 知识目标

- 掌握电动机类型、功率和转速的选择方法。
- 掌握总传动比的计算和各级传动比的分配方法。
- 掌握传动装置的运动和动力参数的计算方法。

✓ 能力目标

- 根据具体的工作要求正确选择电动机类型、功率和转速。
- 根据具体的工作要求正确计算工作机有效功率、电动机工作功率。
- 根据具体的工作要求正确计算电动机转速,并确定同步转速。
- 根据具体的工作要求正确计算传动装置的总传动比和分配各级传动比。
- 正确计算传动装置各轴的转速、功率和转矩。

一、选择电动机

知识导图

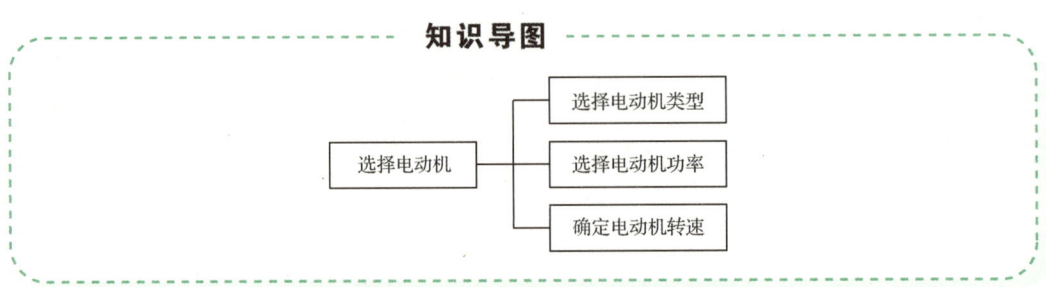

如图 1-2-1 所示为带式输送机传动简图。已知输送带的有效拉力 $F=2\ 000$ N,传动滚筒直径 $D=250$ mm,运输带速度 $v=1.5$ m/s,传动滚筒效率(包括传动滚筒与轴承的效率损失)$\eta_w=0.96$,载荷平稳,在室温下连续运转。

1. 选择电动机类型

电动机有交流电动机和直流电动机两种,一般工厂都采用三相交流电,因而多采用交流电动机。目前应用最广的是 Y 系列自扇冷式笼型三相异步电动机,其结构简单,工作可靠,启动性能好,价格低廉,维护方便,适用于不易燃、不易爆、无腐蚀性气体、无特殊要求的场合,如金属切削机床、运输机、风机、农业机械、食品机械等。

按已知的工作要求和条件,选用 Y 系列全封闭笼型三相异步电动机。

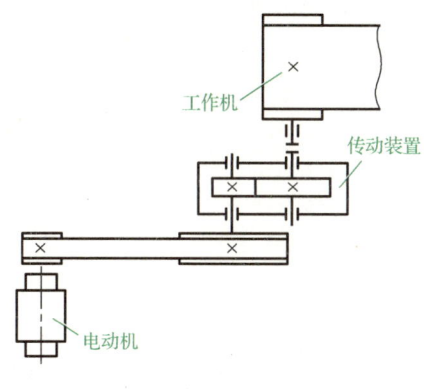

图 1-2-1 带式输送机传动简图

2. 选择电动机功率

电动机的功率选择是否合适,对电动机工作性能和经济性能都有影响。如果所选电动机的功率小于工作要求,则不能保证工作机正常工作,或使电动机因长期过载运行而过早损坏;如果所选电动机的功率过大,则电动机的价格高,传动能力又不能充分利用,而且由于电动机经常在轻载下运转,其功率因数较小且效率较低,从而增加电能消耗,造成浪费。因此,在设计中只要所选电动机的额定功率 P_m 等于或稍大于所需的电动机工作功率 P_d,即 $P_m \geqslant P_d$,电动机就能完全工作。

(1)工作机有效功率 P_w

$$P_w = \frac{Fv}{1\ 000\eta_w} \tag{1-2-1}$$

式中 F——工作机的工作阻力,N;

v——工作机滚筒的线速度,m/s;

η_w——传动滚筒效率(包括传动滚筒与轴承的效率损失)。

(2)电动机工作功率 P_d

$$P_d = \frac{P_w}{\eta} \tag{1-2-2}$$

式中 P_w——工作机有效功率,即输送带主动端所需功率,kW;

η——电动机至工作机主动端之间的总效率。

电动机至工作机之间的总效率 η 为

$$\eta = \eta_1 \cdot \eta_2^2 \cdot \eta_3 \cdot \eta_4 \tag{1-2-3}$$

按表 1-2-1 确定各部分效率:V 带传动效率 $\eta_1=0.96$,滚动轴承(一对)效率 $\eta_2=0.99$,齿轮传动效率 $\eta_3=0.97$,联轴器效率 $\eta_4=0.99$。

表 1-2-1　　　　　　　　　　　　　　机械传动和摩擦副的效率概略值

种类		效率 η	种类		效率 η
圆柱齿轮传动	很好跑合的6级和7级精度齿轮传动(油润滑)	0.98～0.99	滑动轴承	润滑不良	0.94(一对)
	8级精度的一般齿轮传动(油润滑)	0.97		润滑正常	0.97(一对)
	9级精度的齿轮传动(油润滑)	0.96		润滑良好(压力润滑)	0.98(一对)
	加工齿的开式齿轮传动(脂润滑)	0.94～0.96		液体摩擦	0.99(一对)
锥齿轮传动	很好跑合的6级和7级精度的齿轮传动(油润滑)	0.97～0.98	滚动轴承	球轴承	0.99(一对)
				滚子轴承	0.98(一对)
	8级精度的一般齿轮传动(油润滑)	0.94～0.97	联轴器	浮动联轴器(十字沟槽联轴器等)	0.97～0.99
	加工齿的开式齿轮传动(脂润滑)	0.92～0.95		齿轮联轴器	0.99
蜗杆传动	自锁蜗杆(油润滑)	0.40～0.45		弹性联轴器	0.99～0.995
	单头蜗杆(油润滑)	0.70～0.75		万向联轴器(α≤3°)	0.97～0.98
	双头蜗杆(油润滑)	0.75～0.82		万向联轴器(α>3°)	0.95～0.97
	三头和四头蜗杆(油润滑)	0.80～0.92	减(变)速器	一级圆柱齿轮减速器	0.97～0.98
带传动	平带无张紧轮的传动	0.98		二级圆柱齿轮减速器	0.95～0.96
	平带有张紧轮的传动	0.97		行星圆柱齿轮减速器	0.95～0.98
	V带传动	0.96		一级锥齿轮减速器	0.95～0.96
链传动	滚子链	0.96		锥-圆柱齿轮减速器	0.94～0.95
	齿形链	0.97		无级变速器	0.92～0.95
摩擦传动	平摩擦传动	0.85～0.92		摆线针轮减速器	0.90～0.97
	槽摩擦传动	0.88～0.90	传动滚筒		0.96
复滑轮组	滑动轴承(i=2～6)	0.90～0.98	螺旋传动(滑动)		0.30～0.60
	滚动轴承(i=2～6)	0.95～0.99			

则
$$\eta = 0.96 \times 0.99^2 \times 0.97 \times 0.99 = 0.90$$

所以
$$P_d = \frac{Fv}{1\,000\eta_w\eta} = \frac{2\,000 \times 1.5}{1\,000 \times 0.96 \times 0.90} = 3.47 \text{ kW}$$

计算传动装置的总效率时需注意以下几点：

①表 1-2-1 中所列为效率值的范围，若工作条件差、加工精度低、用润滑脂润滑或维护不良，则应取低值；反之，则可取高值。一般可取中间值。

②轴承效率均指一对轴承的效率。

③当动力经过每一个传动副时，都会产生功率损耗，故同类型的几对传动副、轴承或联轴器，均应单独计入总效率。

(3)电动机的额定功率 P_m

$$P_m = (1.0 \sim 1.3)P_d \tag{1-2-4}$$

根据 P_m 值从表 2-11-1 中选择相应的电动机型号。

选择电动机的额定功率 $P_m = 4$ kW。

3. 确定电动机转速

同一类型、额定功率相同的电动机也有几种不同的转速。例如，三相异步电动机有四种常用的同步转速，即 3 000 r/min、1 500 r/min、1 000 r/min、750 r/min。小转速电动机的极数多，外廓尺寸及质量较大，价格较高，但可使传动装置的总传动比及尺寸减小；大转速电动机则相反。设计时应综合考虑各方面因素,选取适当的电动机转速。一般多选用同步转速为 1 500 r/min 或 1 000 r/min 的电动机。如果无特殊要求,一般不选用 3 000 r/min 或 750 r/min 的电动机。

可由工作机的转速要求和传动机构的合理传动比范围,推算出电动机转速的可选范围,即

$$n_d = (i_1 \cdot i_2 \cdots i_n) n_w \tag{1-2-5}$$

式中 n_d——电动机可选转速范围;

$i_1, i_2, \cdots, i_n$——各级传动机构的合理传动比范围。

滚筒的工作转速为

$$n_w = \frac{60 \times 1\,000 v}{\pi D} = \frac{60 \times 1\,000 \times 1.5}{\pi \times 250} = 114.65 \text{ r/min}$$

按推荐的合理传动比范围,V 带传动的传动比为 2~4,一级圆柱齿轮减速器传动比为 3~5,则合理总传动比的范围为 $i = 6 \sim 20$,故电动机转速的可选范围为

$$n_d = i \cdot n_w = (6 \sim 20) \times 114.65 = 687.90 \sim 2\,293.00 \text{ r/min}$$

符合这一范围的同步转速有 750 r/min、1 000 r/min 和 1 500 r/min。现对同步转速为 1 500 r/min、1 000 r/min 和 750 r/min 三种方案进行比较,其技术参数及传动比的比较情况见表 1-2-2。

表 1-2-2　　　　　　　电动机数据及总传动比

方案	电动机型号	额定功率 P_m/kW	电动机转速 n/(r·min^{-1}) 同步转速	电动机转速 n/(r·min^{-1}) 满载转速	电动机质量 m/kg	总传动比 i
1	Y112M-4	4	1 500	1 440	43	12.56
2	Y132M1-6	4	1 000	960	73	8.37
3	Y160M1-8	4	750	720	118	6.28

综合考虑电动机和传动装置的尺寸、质量、价格以及总传动比,可知方案 1 比较适合。因此,选定电动机型号为 Y112M-4,见表 2-11-1。所选电动机的主要外形尺寸和安装尺寸见表 2-11-3。

二、计算并分配传动比

知识导图

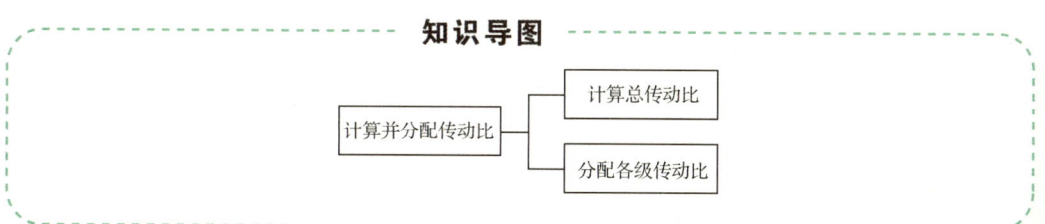

1. 计算总传动比

由选定电动机的满载转速 n_m 和工作机主动轴的转速 n_w,可得传动装置的总传动比

$$i = \frac{n_m}{n_w} \tag{1-2-6}$$

代入数值

$$i = \frac{1\,440}{114.65} = 12.56$$

总传动比 i 为

$$i = i_1 \cdot i_2 \cdot \cdots \cdot i_n \tag{1-2-7}$$

计算出总传动比后,应合理分配各级传动比。传动比分配得合理,可以减小传动装置的外廓尺寸和质量,达到结构紧凑、成本较低的目的,还可以得到较好的润滑条件。

分配各级传动比时主要应考虑以下几点:

(1)各级传动的传动比应在推荐的范围内选取,不得超过最大值。圆柱齿轮传动比的常用值为 3~5,最大值为 8。

(2)应使各传动件的尺寸协调,结构匀称、合理,避免互相干涉、碰撞或安装不便。例如图 1-2-2 所示机构,由于高速级传动比过大,高速级大齿轮直径过大而与低速轴相碰。

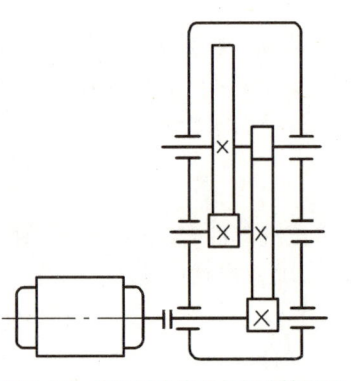

图 1-2-2 高速级大齿轮与低速轴相碰

(3)应尽量使传动装置的外廓尺寸紧凑、质量较轻。如图 1-2-3 所示,当二级减速器的中心距和总传动比相同时,传动比分配方案不同,减速器的外廓尺寸也不同。

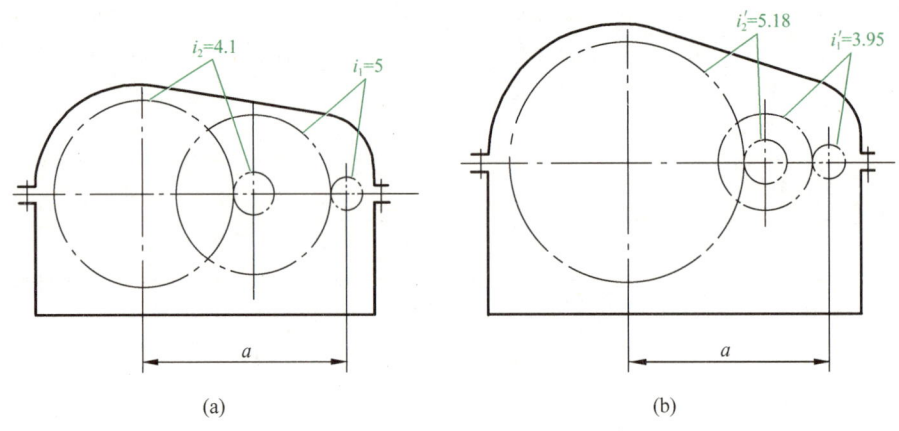

图 1-2-3 不同的传动比分配对外廓尺寸的影响

(4)在二级减速器中,各级齿轮都应得到充分润滑。高速级和低速级的大齿轮直径应尽量相近,由于低速级齿轮的圆周速度较低,故其大齿轮的浸油深度可略深一些。

(5)总传动比分配应考虑载荷的性质。对于平稳载荷,各级传动比可取整数;对于周期性变化载荷,为防止局部损坏,通常在齿轮传动中使一对相互啮合的齿数为互质。

2. 分配各级传动比

减速器的总传动比 $i=12.56$。V 带传动的传动比 $i_1=3$。

(1)一级圆柱齿轮减速器传动比

$$i_2 = \frac{i}{i_1} = \frac{12.56}{3} = 4.19$$

(2) 二级圆柱齿轮减速器传动比

一般对于展开式二级圆柱齿轮减速器，推荐高速级传动比取 $i_1=(1.3\sim1.5)i_2$，取二级圆柱齿轮减速器高速级传动比

$$i_1=1.4i_2$$

则

$$i=i_1 \cdot i_2=1.4i_2^2$$

低速级传动比为

$$i_2=\sqrt{\dfrac{i}{1.4}}$$

以上传动比的分配只是初步的，传动装置的实际传动比要由选定的齿轮齿数准确计算，因而很可能与设定的传动比之间有误差。一般允许工作机实际转速与设定转速之间的相对误差为 $\pm(3\%\sim5\%)$。

三、计算传动装置的运动和动力参数

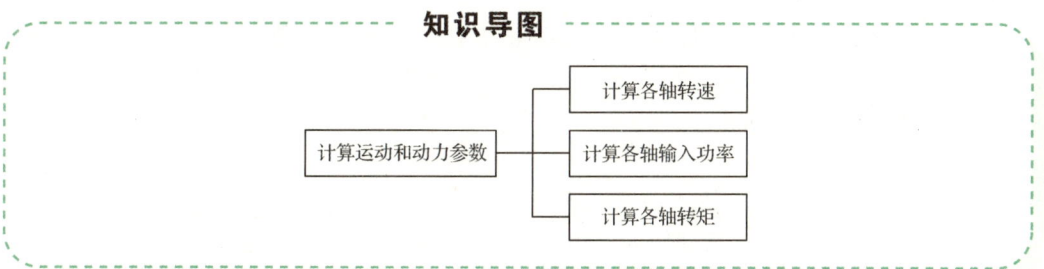

在选定电动机型号、分配传动比之后，按由电动机至工作机运动传递的路线推算各轴的运动和动力参数。

1. 计算各轴转速

（1）Ⅰ轴转速

$$n_{\text{I}}=\dfrac{n_{\text{m}}}{i_1} \tag{1-2-8}$$

式中　n_{m}——电动机的满载转速，r/min；
　　　n_{I}——Ⅰ轴的转速，r/min；
　　　i_1——V带传动的传动比。

$$n_{\text{I}}=\dfrac{n_{\text{m}}}{i_1}=\dfrac{1\ 440}{3}=480\ \text{r/min}$$

（2）Ⅱ轴转速

$$n_{\text{Ⅱ}}=\dfrac{n_{\text{I}}}{i_2} \tag{1-2-9}$$

式中　$n_{\text{Ⅱ}}$——Ⅱ轴的转速，r/min；
　　　i_2——Ⅰ轴至Ⅱ轴的传动比。

$$n_{\text{II}} = \frac{n_{\text{I}}}{i_2} = \frac{480}{4.19} = 114.56 \text{ r/min}$$

(3)传动滚筒轴转速

$$n_{\text{III}} = n_{\text{II}} \tag{1-2-10}$$

式中　n_{III}——传动滚筒轴的转速，r/min。

$$n_{\text{III}} = n_{\text{II}} = 114.56 \text{ r/min}$$

2. 计算各轴输入功率

(1) Ⅰ 轴输入功率

$$P_{\text{I}} = P_d \cdot \eta_{01} \tag{1-2-11}$$

式中　P_d——电动机的输出功率，kW；

　　　η_{01}——电动机轴与Ⅰ轴间的传动效率（V 带传动效率）。

$$P_{\text{I}} = P_d \cdot \eta_{01} = P_d \cdot \eta_1 = 3.47 \times 0.96 = 3.33 \text{ kW}$$

(2) Ⅱ 轴输入功率

$$P_{\text{II}} = P_{\text{I}} \cdot \eta_{12} \tag{1-2-12}$$

式中　P_{II}——Ⅱ轴的输入功率，kW；

　　　η_{12}——Ⅰ轴与Ⅱ轴间的传动效率（滚动轴承效率、齿轮传动效率）。

$$P_{\text{II}} = P_{\text{I}} \cdot \eta_{12} = P_{\text{I}} \cdot \eta_2 \cdot \eta_3 = 3.33 \times 0.99 \times 0.97 = 3.20 \text{ kW}$$

(3)传动滚筒轴输入功率

$$P_{\text{III}} = P_{\text{II}} \cdot \eta_{23} \tag{1-2-13}$$

式中　P_{III}——传动滚筒轴的输入功率，kW；

　　　η_{23}——Ⅱ轴与传动滚筒轴间的传动效率（滚动轴承效率、联轴器效率）。

$$P_{\text{III}} = P_{\text{II}} \cdot \eta_{23} = P_{\text{II}} \cdot \eta_2 \cdot \eta_4 = 3.20 \times 0.99 \times 0.99 = 3.14 \text{ kW}$$

3. 计算各轴转矩

(1)电动机轴转矩

$$T_d = 9\,550 \frac{P_d}{n_m} \tag{1-2-14}$$

式中　T_d——电动机轴的输出转矩，N·m。

$$T_d = 9\,550 \frac{P_d}{n_m} = 9\,550 \times \frac{3.47}{1\,440} = 23.01 \text{ N·m}$$

(2) Ⅰ 轴转矩

$$T_{\text{I}} = 9\,550 \frac{P_{\text{I}}}{n_{\text{I}}} \tag{1-2-15}$$

式中　T_{I}——Ⅰ轴的输入转矩，N·m。

$$T_{\text{I}} = 9\,550 \frac{P_{\text{I}}}{n_{\text{I}}} = 9\,550 \times \frac{3.33}{480} = 66.25 \text{ N·m}$$

(3) Ⅱ 轴转矩

$$T_{\text{II}} = 9\,550 \frac{P_{\text{II}}}{n_{\text{II}}} \tag{1-2-16}$$

式中　T_{II}——Ⅱ轴的输入转矩，N·m。

$$T_{\text{II}} = 9\,550 \frac{P_{\text{II}}}{n_{\text{II}}} = 9\,550 \times \frac{3.20}{114.56} = 266.76 \text{ N·m}$$

（4）传动滚筒轴转矩

$$T_\mathrm{III} = 9\,550 \frac{P_\mathrm{III}}{n_\mathrm{III}} \tag{1-2-17}$$

式中　T_III——传动滚筒轴的输入转矩，N·m。

$$T_\mathrm{III} = 9\,550 \frac{P_\mathrm{III}}{n_\mathrm{III}} = 9\,550 \times \frac{3.14}{114.56} = 261.76 \text{ N·m}$$

运动和动力参数的计算结果列于表 1-2-3 中。

表 1-2-3　　　　　　各轴运动和动力参数

轴　名	功率 P/kW	转矩 T/(N·m)	转速 n/(r·min^{-1})	传动比 i
电动机轴	3.47	23.01	1 440	3
Ⅰ轴	3.33	66.25	480	4.19
Ⅱ轴	3.20	266.76	114.56	
传动滚筒轴	3.14	261.76	114.56	1

知识总结

1. 所选电动机的额定功率 P_m 应等于或稍大于所需的电动机工作功率 P_d，即 $P_\mathrm{m} \geqslant P_\mathrm{d}$。应根据电动机的工作功率和转速确定电动机的型号，还要考虑电动机的外形尺寸、质量和价格的影响。

2. 联轴器效率、齿轮传动效率和轴承效率对于功率和转矩的计算有影响，对传动比的计算不用考虑。

能力检测

1. 所选电动机的额定功率和工作功率之间一般应满足什么条件？设计传动装置时按什么功率来计算？

2. 电动机同步转速选取过高和过低有何利弊？

3. 传动装置的总效率如何计算？计算时注意哪些问题？

4. 你设计的减速器的总传动比是如何确定和分配的？分配总传动比时应考虑哪些方面？

5. 传动装置中各轴的功率、转矩、转速之间有何关系？

任务三 减速器传动件设计

✅ 知识目标
◎ 掌握箱体外传动件设计方法。
◎ 掌握箱内外传动件设计方法。

✅ 能力目标
◎ 正确设计普通 V 带传动。
◎ 正确设计圆柱齿轮传动。

一、箱体外传动件设计

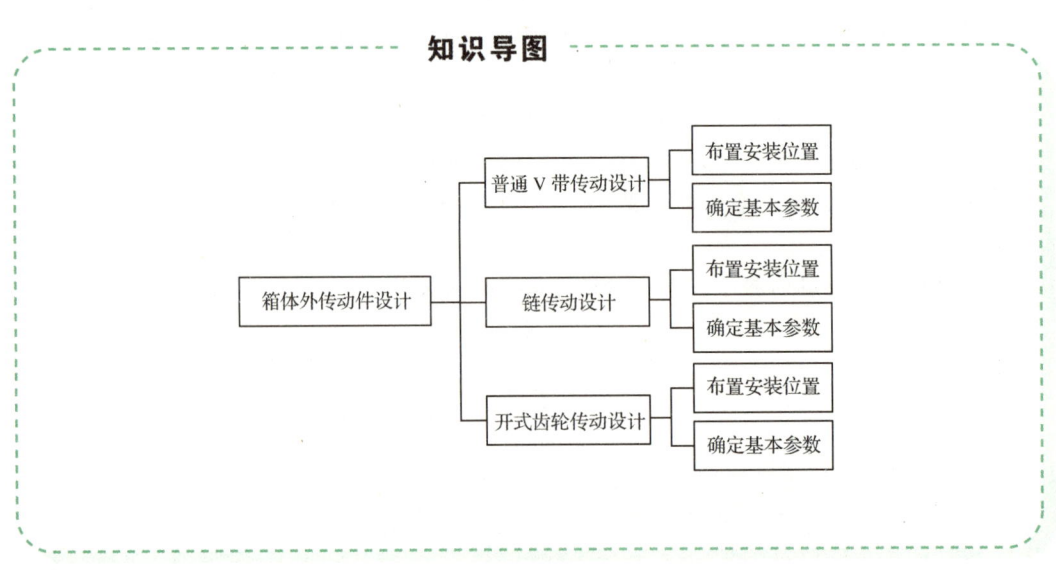

减速器设计中的传动装置是由各种类型的零部件组成的,其中最主要的是传动件,它关系到传动装置的工作性能、结构布置和尺寸大小。此外,支承件和连接件通常也要根据传动件来设计或选取。传动件的设计计算方法已在教材中详细讲述过,在此不再赘述,仅就设计计算中的要点做简要的提示。

1. 普通 V 带传动设计

(1) 一般情况下,普通 V 带传动放在高速级,即电动机与减速器之间。

(2) 依据传动的用途及工作情况、对外廓尺寸及传动位置的要求、原动机种类和所需的传动功率、主动轮和从动轮的转速等确定出带的型号、长度、根数,带传动的中心距、安装要求(初拉力、张紧装置),对轴的作用力及带轮的材料、结构、直径和宽度等尺寸。有些结构的细部尺寸(如轮毂、轮辐、斜度、圆角等)不需要在装配图设计前确定,可以留待画装配图时再定。

(3) 考虑带传动中各有关尺寸的协调问题。如图 1-3-1 所示,直接装在电动机轴上的小带轮,其外圆半径($D/2$)应小于电动机的中心高(H);其轮毂孔直径与电动机轴直径相等;大带轮外圆不允许与其他零部件相碰等。如果有不合适的情况,应考虑改选带轮直径并重新设计计算。在带轮直径确定后,还应验算带传动的实际传动比和大带轮的转速。

(4) 带轮轮毂宽度与带轮的宽度不一定相同,一般轮毂宽度 B 按轴孔直径 d 的大小确定,常取 $B=(1.5\sim2.0)d$,如图 1-3-2 所示。安装在电动机上的带轮的轮毂宽度应按电动机输出轴长度确定,而带轮的宽度取决于带的型号和根数。

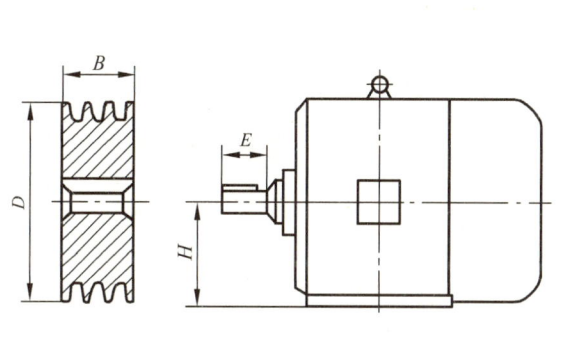

图 1-3-1 小带轮与电动机

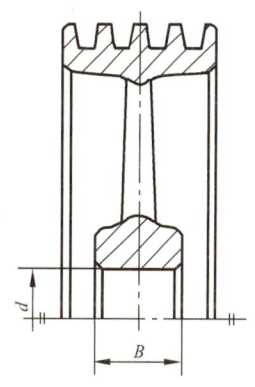

图 1-3-2 大带轮尺寸

(5) 设计参数应保证带传动良好的工作性能。例如满足带速 $5\ m/s \leqslant v \leqslant 25\ m/s$,小带轮包角 $\alpha_1 \geqslant 120°$,一般带根数 $z<10$。

(6) 计算出带的初拉力,以便安装时检查,并依据具体条件考虑张紧方案。求出作用在轴上的力的大小和方向(压轴力),以供设计轴和轴承时使用。

2. 链传动设计

(1) 一般情况下,链传动放在低速级,即减速器输出轴与工作机之间。

(2) 设计链传动需确定出链节距、齿数、链轮直径、轮毂宽度、中心距及作用在轴上的力的大小和方向。

(3)大、小链轮的齿数最好为奇数或不能整除链节数的数。为不使大链轮尺寸过大,以控制传动的外廓尺寸,速度较小的链传动齿数不宜取得过多。当采用单排链传动而计算出的链节距过大时,可改用双排链。为避免使用过渡链节,链节数最好取为偶数。

(4)选用合适的润滑方式及润滑剂。

3. 开式齿轮传动设计

(1)一般情况下,开式齿轮传动布置在低速级,多安装在减速器输出轴外伸端,常采用直齿轮。

(2)开式齿轮一般只需计算轮齿弯曲强度,由于开式齿轮传动的润滑条件较差,磨损比较严重,常因过度磨损而引起弯曲折断,应将强度计算求得的模数加大 10%～20%。为保证齿根弯曲强度,常取小齿轮齿数 $z_1=17\sim20$。

(3)开式齿轮悬臂布置时,轴的支承刚度较小,为减轻轮齿的载荷集中,齿宽系数应取较小值。

(4)开式齿轮传动条件差,应选用具有较好的减摩或耐磨性能的材料。大齿轮材料的选用应考虑毛坯的制造方法。

(5)检查齿轮尺寸与传动装置和工作机是否协调,并计算其实际传动比,考虑是否需要修改减速器的传动比要求。

二、箱体内传动件设计

知识导图

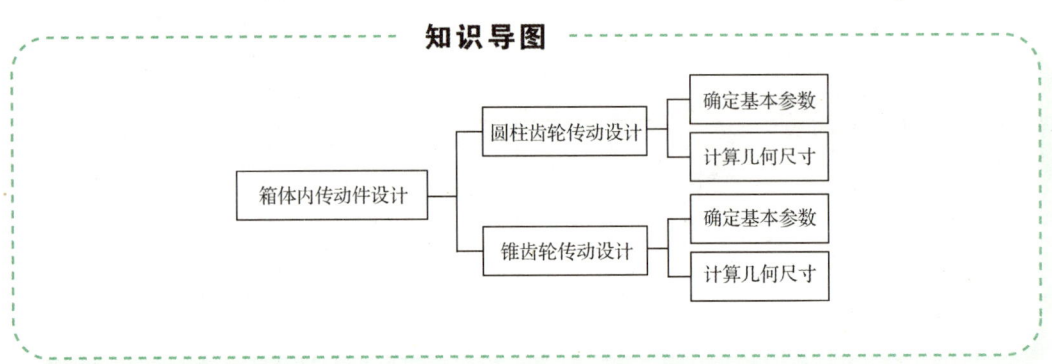

1. 圆柱齿轮传动设计

(1)齿轮材料及热处理方法的选择要考虑到齿轮毛坯的制造方法。当齿轮的齿顶圆直径 $d_a\leqslant400\sim600$ mm 时,一般采用锻造毛坯;当 $d_a>400\sim600$ mm 时,因受锻造设备能力的限制,多用铸造毛坯,如用铸铁或铸钢。当齿轮的齿根圆直径和轴的直径相差不大时,齿轮和轴可制成一体的齿轮轴,选用材料应兼顾轴的要求。同一减速器内各级大、小齿轮的材料最好对应相同,以减少材料牌号和简化工艺要求。

(2)锻钢齿轮分软齿面(≤350HBW)和硬齿面(>350HBW)两种,应按工艺条件和尺寸要求选择齿面硬度。为使大、小齿轮使用寿命比较接近,软齿面齿轮传动应使小齿轮的齿面硬度比大齿轮的齿面硬度高 30HBW～50HBW;对于硬齿面齿轮传动,大、小齿轮的齿面硬度相近。

(3)设计的减速器若为大批生产,为提高零件的互换性,中心距等参数可参考标准减速器选取;若为单件或小批生产,中心距等参数可不必取标准减速器的数值。但为了便于箱体的制造和测量、安装方便,最好使中心距的尾数为0或5。直齿圆柱齿轮传动可通过改变齿数、模数或采用变位来调整中心距;斜齿圆柱齿轮传动除可通过改变齿数或变位,还可通过改变螺旋角来实现对中心距尾数圆整的要求。

(4)合理选择参数,通常取小齿轮的齿数 $z_1=17\sim20$。因为当齿轮传动的中心距一定时,齿数多会提高重合度,这既可改善传动平稳性,又能减小齿高和滑动系数,减少磨损和胶合。因此在保证齿根弯曲强度的前提下 z_1 可大些。但对传递动力用的齿轮,其模数不得小于 $1.5\sim2.0$ mm。

(5)闭式软齿面齿轮传动的设计准则:先按齿面接触疲劳强度设计计算,确定齿轮的主要参数和尺寸,再按齿根弯曲疲劳强度校核齿根的弯曲强度。闭式硬齿面齿轮传动的设计准则:先按齿根弯曲疲劳强度设计计算,确定齿轮的模数和其他尺寸,再按齿面接触疲劳强度校核齿面的接触强度。

(6)对数据的处理:斜齿圆柱齿轮的螺旋角,初选时可取 $8°\sim12°$,在 m_n 取标准值且中心距 a 圆整后,为保证计算和制造的准确性,斜齿圆柱齿轮螺旋角 β 的数值必须精确计算到秒,齿轮分度圆直径、齿顶圆直径必须精确计算到小数点后三位数值,绝对不允许随意圆整。

圆柱齿轮传动齿宽应圆整为整数,考虑到装配时两齿轮可能产生的轴向位置误差,常取大齿轮齿宽 $b_2=b$,而小齿轮齿宽 $b_1=b+(5\sim10)$ mm,以便装配。

齿轮结构尺寸如轮缘内径 D_1、轮辐厚度 c_1、轮毂直径 d_1 和长度 L 等应尽量圆整,以便于制造和测量,如图 1-3-3 所示。

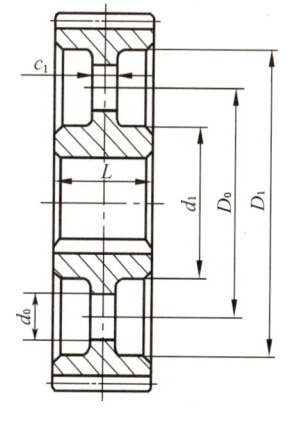

图 1-3-3 圆柱齿轮几何参数

(7)齿轮传动时对齿轮进行润滑,可以减少磨损和发热,还可以防锈和降低噪声。对防止和延缓轮齿失效,改善齿轮传动的工作状况起着重要的作用。

对于闭式齿轮传动的润滑,一般根据齿轮的圆周速度确定润滑方式。

①浸油润滑:当齿轮的圆周速度 $v\leqslant12$ m/s 时,通常将大齿轮浸入油池中,浸入油中的深度约为一个齿高,且大于 10 mm。此外,为了避免油搅动时沉渣泛起,齿顶到油池底面的距离 Δ_6 应大于 $30\sim50$ mm。由此可确定箱座的高度。在多级齿轮传动中,可采用带油轮将油带到未浸入油池内的轮齿齿面上,同时可将油甩到齿轮箱壁面上散热,使油温下降,如图 1-3-4 所示。

②喷油润滑:当齿轮的圆周速度 $v>12$ m/s 时,采用喷油润滑,即用油泵将具有一定压力的油经喷油嘴喷到啮合的齿面上,油应自啮入端喷入,喷嘴沿齿宽均匀分布,如图 1-3-5 所示。

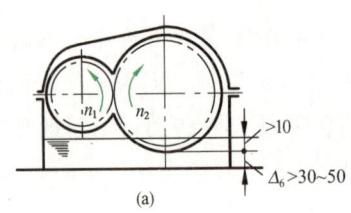 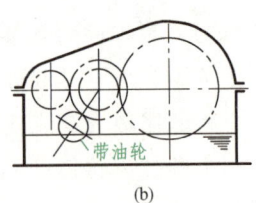 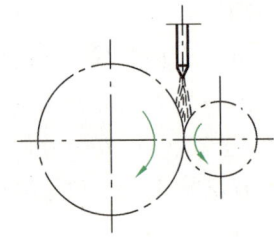

图 1-3-4　浸油润滑　　　　　　　　　　　图 1-3-5　喷油润滑

③人工加油:对于开式齿轮传动的润滑,由于速度较小,通常采用人工定期加油润滑。

各级大、小齿轮的几何尺寸和参数的计算结果应及时整理并列表,同时画出结构图,以备设计装配图时使用,参见表 1-3-1。

表 1-3-1　　　　　　　　　　　　圆柱齿轮传动参数

名　称	代　号	单　位	小齿轮	大齿轮
中心距	a	mm		
传动比	i	—		
模数	m	mm		
螺旋角	β	°		
端面压力角	α_n	°		
啮合角	α_t'	°		
齿数	z	—		
分度圆直径	d	mm		
节圆直径	d'	mm		
齿顶圆直径	d_a	mm		
齿根圆直径	d_f	mm		
齿宽	b	mm		
螺旋角方向	—	—		
材料及齿面硬度	—	—		

2. 锥齿轮传动设计

(1)直齿锥齿轮以大端模数为标准,计算几何尺寸时要用大端模数。

(2)两轴交角为 90°时,在确定了大、小齿轮的齿数后,就可计算出分度圆锥的锥顶角 δ_1 和 δ_2,其数值应精确计算到秒,注意不能圆整。直齿锥齿轮的锥距 R 也不要圆整,按模数和齿数精确计算到小数点后三位数值。

(3)直齿锥齿轮的齿宽按齿宽系数 $\psi_R = b/R$ 求得,并进行圆整,且大、小齿轮宽度相等。

知识总结

1. 普通 V 带传动放在高速级,即电动机与减速器之间。设计参数应保证带传动良好的工作性能。例如满足带速 5 m/s≤v≤25 m/s,小带轮包角 $α_1$≥120°,一般带根数 z<10。

2. 链传动放在低速级,即减速器输出轴与工作机之间。大、小链轮的齿数最好为奇数或不能整除链节数的数。速度较小的链传动齿数不宜取得过多。当采用单排链传动而计算出的链节距过大时,可改用双排链。为避免使用过渡链节,链节数最好取为偶数。

3. 闭式软齿面齿轮传动的设计准则:先按齿面接触疲劳强度设计计算,确定齿轮的主要参数和尺寸,再按齿根弯曲疲劳强度校核齿根的弯曲强度。闭式硬齿面齿轮传动的设计准则:先按齿根弯曲疲劳强度设计计算,确定齿轮的模数和其他尺寸,再按齿面接触疲劳强度校核齿面的接触强度。

4. 齿轮的结构形式通常是先按齿轮的直径大小选定合适的结构形式,再由经验公式确定有关尺寸,绘制零件图。

5. 闭式齿轮传动的润滑方式一般根据齿轮的圆周速度大小确定。当齿轮的圆周速度 v≤12 m/s 时,采用浸油润滑;当齿轮的圆周速度 v>12 m/s 时,采用喷油润滑。

能力检测

1. 为什么常把 V 带传动置于高速级?而把链传动布置在低速级?
2. 齿轮传动的主要失效形式及设计准则是什么?
3. 你设计的传动件选用什么材料?大、小齿轮齿面硬度差范围是多大?
4. 选择小齿轮的齿数 z_1 应考虑哪些因素?齿数的多少各有何利弊?
5. 在圆柱齿轮传动设计时,为什么大、小齿轮宽度不同,且 b_1>b_2?
6. 在传动件设计中,哪些参数是标准的?哪些参数应该圆整?哪些参数不应该圆整?为什么?
7. 单级齿轮传动若用浸油润滑,则大齿轮齿顶圆到油池底面的距离至少应为多少?为什么?

任务四
减速器的结构、轴系零部件及附件设计

☑ 知识目标
- ◎ 掌握减速器基本结构的设计方法。
- ◎ 掌握减速器轴系零部件的设计方法。
- ◎ 掌握减速器附件的设计方法。

☑ 能力目标
- ◎ 根据已知条件,正确计算减速器箱体主要结构尺寸。
- ◎ 正确选择减速器箱体结构及工艺性。
- ◎ 正确设计轴的结构和选择滚动轴承类型。
- ◎ 正确选择和校核平键、联轴器。
- ◎ 正确设计轴承端盖和附件的结构。

一、设计减速器结构

减速器主要由轴系零部件、箱体及附件三部分组成。如图 1-4-1 所示为一级圆柱齿轮减速器的结构,包括箱体、轴、轴上零部件、轴承部件、润滑和密封装置及减速器附件等部分。

任务四 减速器的结构、轴系零部件及附件设计

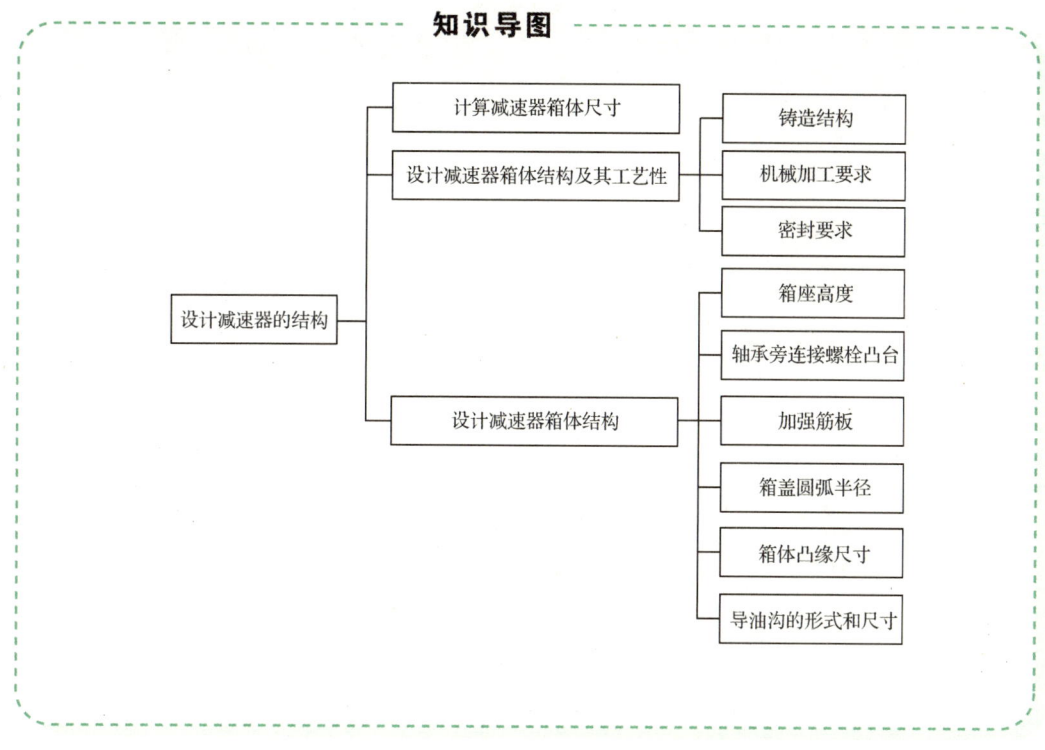

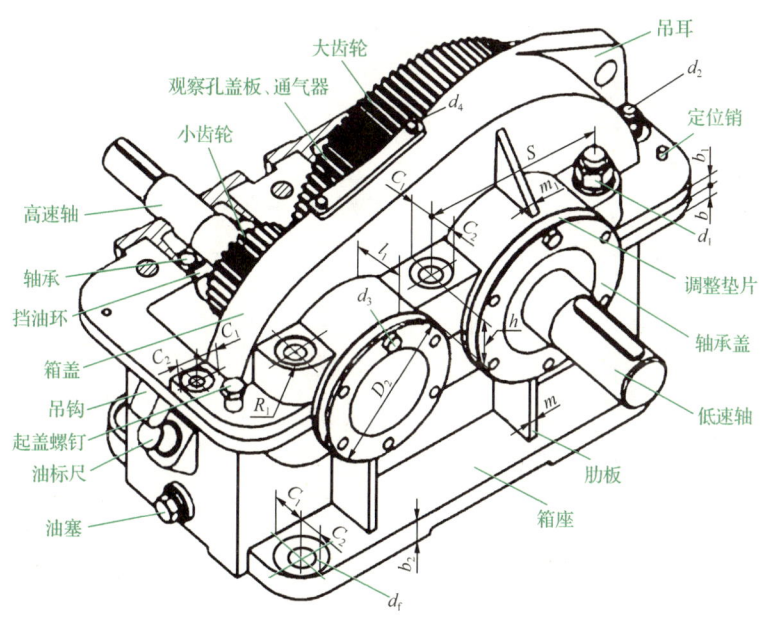

图 1-4-1 一级圆柱齿轮减速器的结构

1. 计算减速器箱体尺寸

减速器箱体是支承和固定轴系零部件的重要零件,采用剖分式结构。箱体材料一般选用灰口铸铁,如 HT150、HT200 等,灰口铸铁具有良好的铸造性和减振性。

齿轮减速器箱体结构尺寸参考表 1-4-1 和图 1-4-2。

表 1-4-1　　　　　　　　　　齿轮减速器箱体结构尺寸

名　称	符　号	减速器形式及尺寸关系/mm
箱座壁厚	δ	一级 $0.025a+1\geqslant 8$；二级 $0.025a+3\geqslant 8$
箱盖壁厚	δ_1	一级 $0.02a+1\geqslant 8$；二级 $0.02a+3\geqslant 8$ 考虑铸造工艺，当 δ、δ_1 的计算值小于 8 时，应取 8
箱盖凸缘厚度	b_1	$1.5\delta_1$
箱座凸缘厚度	b	1.5δ
箱座底凸缘厚度	b_2	2.5δ
地脚螺栓直径	d_f	$0.036a+12$（多级传动中 a 为低速级中心距）
地脚螺栓数目	n	$a\leqslant 250$ 时，$n=4$；$250<a\leqslant 500$ 时，$n=6$；$a>500$ 时，$n=8$
轴承旁连接螺栓直径	d_1	$0.75d_f$
箱盖与箱座连接螺栓直径	d_2	$(0.5\sim 0.6)d_f$
连接螺栓 d_2 的间距	l	$125\sim 200$
轴承端盖螺钉直径	d_3	按选用的轴承端盖确定或 $(0.4\sim 0.5)d_f$
观察孔盖螺钉直径	d_4	$(0.3\sim 0.4)d_f$
定位销直径	d	$(0.7\sim 0.8)d_2$
d_f、d_1、d_2 至外箱壁距离	C_1	见表 1-4-2
d_f、d_2 至凸缘边距离	C_2	见表 1-4-2
轴承旁凸台半径	R_1	C_2
凸台高度	h	根据低速级轴承座外径确定，以便于扳手操作为准
外箱壁至轴承座端面距离	l_1	$C_1+C_2+(5\sim 10)$
齿轮齿顶圆与箱体内壁距离	Δ_1	$>1.2\delta$
齿轮端面与箱体内壁距离	Δ_2	$>\delta$
箱盖、箱座肋厚	m_1、m	$m_1=0.85\delta_1$；$m=0.85\delta$
轴承端盖外径	D_2	根据结构确定
轴承旁连接螺栓距离	S	尽量靠近，以 d_1、d_3 互不干涉为准，一般取 $S\approx D_2$
箱座深度	H_d	$H_d=d_a/2+(30\sim 50)$（d_a 为大齿轮齿顶圆直径）
箱座高度	H	$H=H_d+\delta+(5\sim 10)$
箱座宽度	B_a	由内部传动件位置、结构及壁厚确定

任务四 减速器的结构、轴系零部件及附件设计

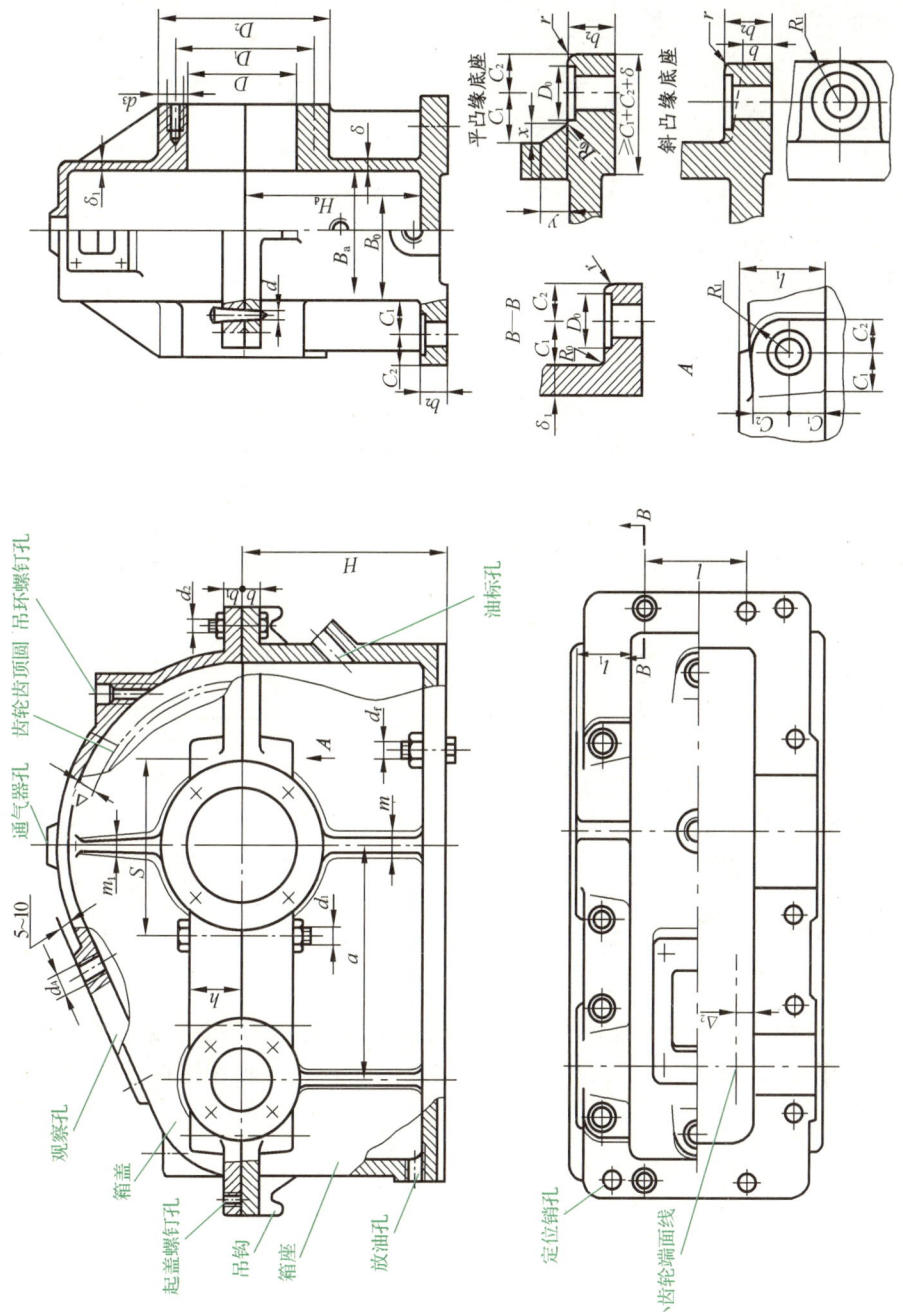

图1-4-2 齿轮减速器箱体结构尺寸

表 1-4-2　　　　　　　　连接螺栓扳手空间 C_1、C_2 值和沉头座直径　　　　　　　　mm

轴承旁连接螺栓直径 d_1、箱盖与箱座连接螺栓直径 d_2、地脚螺栓直径 d_f	M8	M10	M12	M16	M20	M24	M30
至外箱壁距离 C_{1min}	13	16	18	22	26	34	40
至凸缘边距离 C_{2min}	11	14	16	20	24	28	34
螺栓锪平孔直径 D_0	20	24	26	32	40	48	60
沉头座锪平深度 Δ	以底面光洁平整为准，一般取 $\Delta=2\sim 3$							

2. 设计减速器箱体结构及其工艺性

(1) 减速器箱体的铸造结构

在设计铸造箱体时，应考虑铸造工艺特点，力求形状简单、壁厚均匀、过渡平缓、金属不局部积聚。

① 箱体要有足够刚度。为了使箱体有足够的刚度，箱体应有一定的壁厚，在箱体上采用加强肋，同时使轴承座部分的壁厚适当加大，并在附近加支承肋，如图 1-4-3 所示。

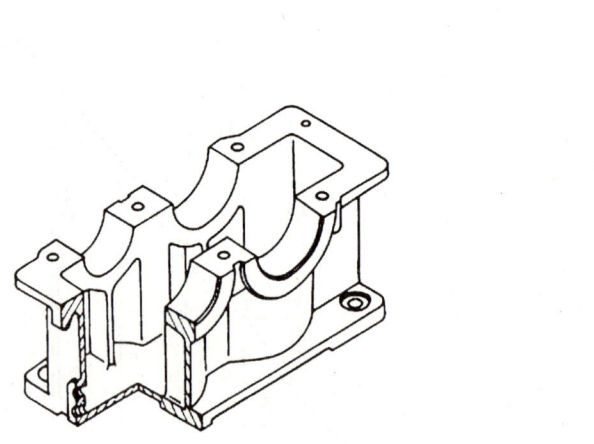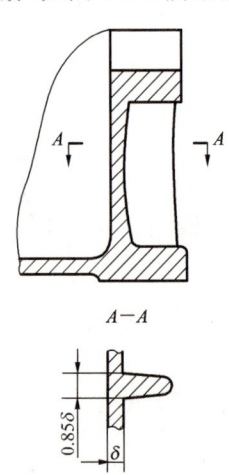

图 1-4-3　齿轮减速器的支承肋结构

② 箱座底部的结构。为了提高减速器箱体的刚度，箱座底面凸缘的宽度 B 应超过箱座的内壁，以利于支承，如图 1-4-4(a) 所示。如图 1-4-4(b) 所示为错误结构，箱座底面凸缘的宽度 B 过窄。

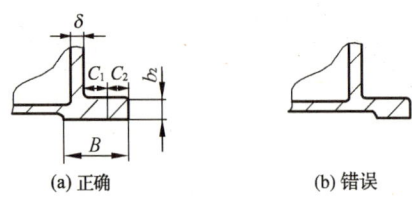

$b_2 = 2.5\delta, B = C_1 + C_2 + 2\delta$

图 1-4-4　底座凸缘

③ 箱体轴承座孔的结构。为了提高轴承座处的连接刚度，箱体轴承座孔两侧的连接螺栓应尽量靠近，$S \approx D_2$，以不与端盖螺钉孔和箱体剖分面上的导油沟干涉为原则，如图 1-4-5 所示。轴承座孔附近应做出凸台，其高度要保证安装时有足够的扳手空间，如图 1-4-6 所示。

任务四 减速器的结构、轴系零部件及附件设计

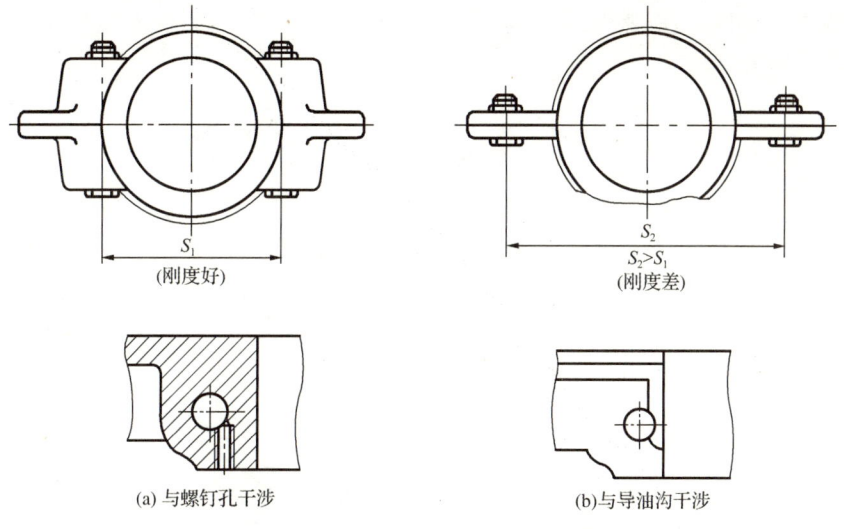

图 1-4-5 轴承座孔两侧的连接螺栓布置

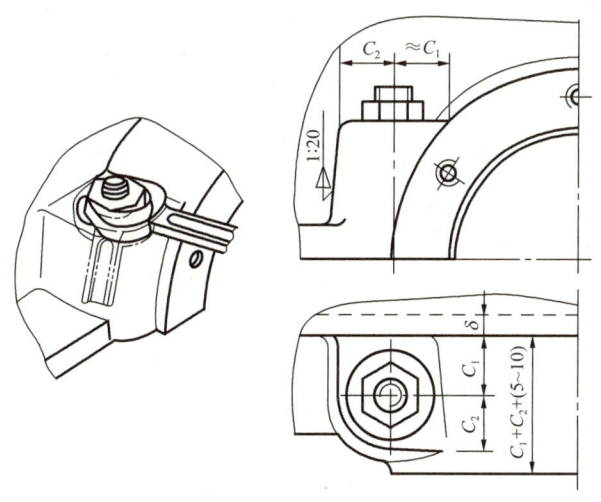

图 1-4-6 凸台结构

有关凸台的结构及尺寸分别参考表 1-4-2 和图 1-4-6。

④箱体壁厚应合理。为了保证箱体的强度并减轻质量,避免浇不足、冷隔等缺陷,降低铸造中产生缩孔、缩松的倾向,在设计时,箱体壁厚 δ 应满足表 1-4-3 的要求。

表 1-4-3　　　　　　　铸件最小壁厚　　　　　　　mm

铸造方法	铸件尺寸	铸 钢	灰铸铁	球墨铸铁
砂型铸造	200×200 以下	8	6	6
	200×200～500×500	10～20	6～10	12
金属型铸造	70×70 以下	5	4	—
	70×70～150×150	—	5	—
	150×150 以上	10	6	—

(2)减速器箱体的机械加工要求

①设计结构形状时,应尽可能减小机械加工面积,以提高生产率,并减轻刀具磨损。如

设计箱座底面的结构时,应避免采用如图 1-4-7(a)所示的结构,而应采用如图 1-4-7(b)～图 1-4-7(d)所示的结构。

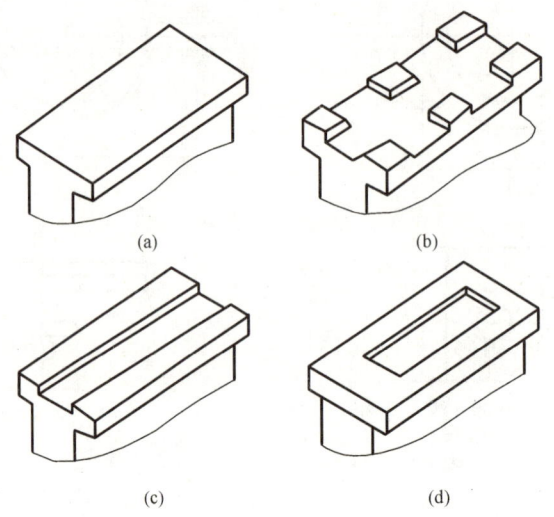

图 1-4-7　箱座底面结构

②为了保证加工精度并缩短加工工时,在机械加工时应尽量减少工件和刀具的调整次数。例如,同一轴心线的两轴承座孔直径应尽量一致,以便于镗孔和保证镗孔精度;相邻轴承座孔外端面应在同一平面上,这样可一次调整加工,如图 1-4-8 所示。

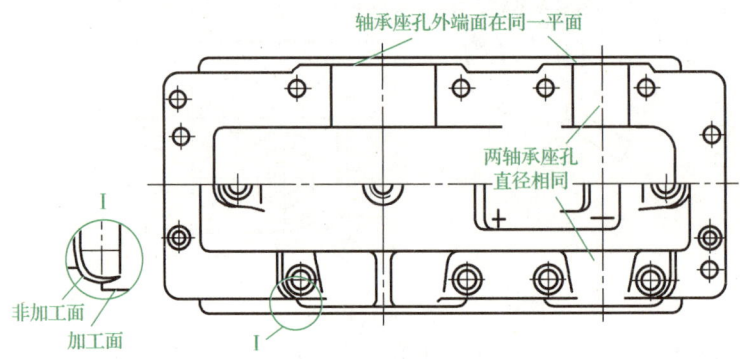

图 1-4-8　轴承座的外端结构

③箱体的任何一处加工面与非加工面必须严格分开,箱体与其他零件结合处(如箱体轴承座孔外端面与轴承端盖、观察孔与观察孔盖、放油孔与油塞及吊环螺钉孔与吊环螺钉等)的支承面做出凸台,凸起高度为 5～10 mm,如图 1-4-9 所示。螺栓头及螺母的支承面需要设计沉头座,并铣平或锪平,一般取下凹深度为 2～3 mm,如图 1-4-10 所示。

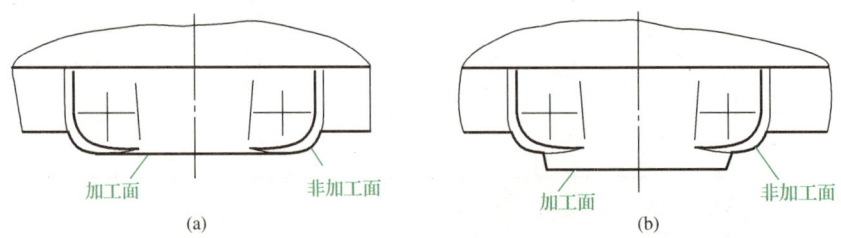

图 1-4-9　加工面与非加工面应分开

任务四　减速器的结构、轴系零部件及附件设计

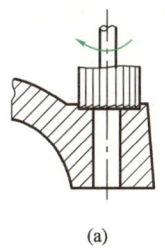 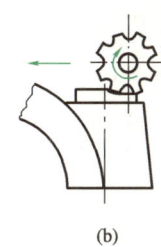 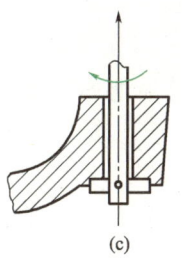 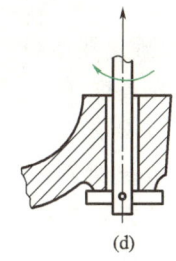

(a)　　　　　　　　(b)　　　　　　　　(c)　　　　　　　　(d)

图 1-4-10　凸台支承面及沉头座的加工方法

④机械加工走刀不要相互干涉，如图 1-4-11(a)所示。如图 1-4-11(b)所示为错误结构，加工观察孔端面时，刀具与吊环螺钉座相撞。两凸台距离太小会形成狭缝，如图 1-4-12(a)所示，应将凸台连在一起，如图 1-4-12(b)所示。

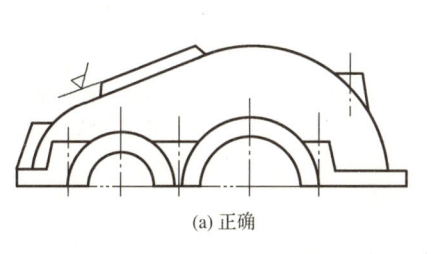 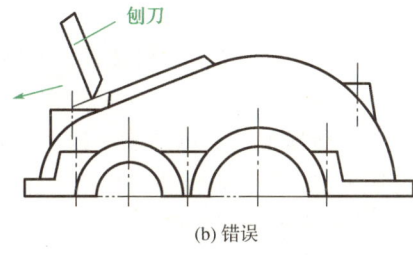

(a) 正确　　　　　　　　　　　　　　　　(b) 错误

图 1-4-11　观察孔凸台结构

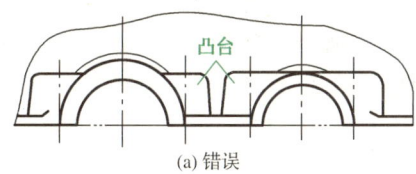 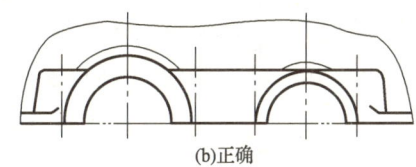

(a) 错误　　　　　　　　　　　　　　　　(b)正确

图 1-4-12　避免有狭缝的铸件结构

(3)箱体结合面的密封要求

①为了保证箱座、箱盖连接处的密封，连接凸缘应有足够的宽度，结合表面要精加工。连接螺栓间距不应过大（应小于 150～200 mm），以保证足够的压紧力。

②为了保证轴承孔的精度，剖分面间不得加垫片，只允许在剖分面间涂以密封胶。

③为提高密封性，在箱座凸缘上面常铣出导油沟，使渗入凸缘连接缝隙面上的油重新回箱体内，如图 1-4-13 所示。

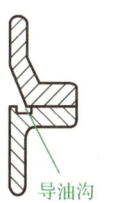 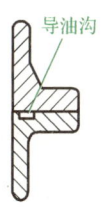 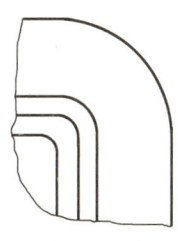 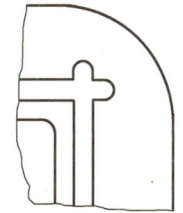 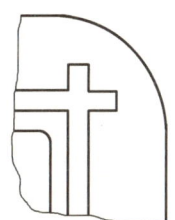

(a)铸造的导油沟　　　(b)圆柱铣刀加工的导油沟　　　(c)盘形铣刀加工的导油沟

图 1-4-13　导油沟

3. 设计减速器箱体结构

(1)确定箱座高度

箱座高度 H 主要根据油池容积和箱座壁厚确定,如图 1-4-14 所示。先以大齿轮齿顶圆为基准,在距离 $H_1 = 30\sim50$ mm 处画出油池底面线。这里所要求的距离 H_1 是为了避免齿轮位置过低,齿轮转动时搅起沉积在油池底部的污物。这样就可以确定箱座高度(mm)为

$$H \geqslant (d_{a2}/2)+(30\sim50)+\Delta_7 \qquad (1\text{-}4\text{-}1)$$

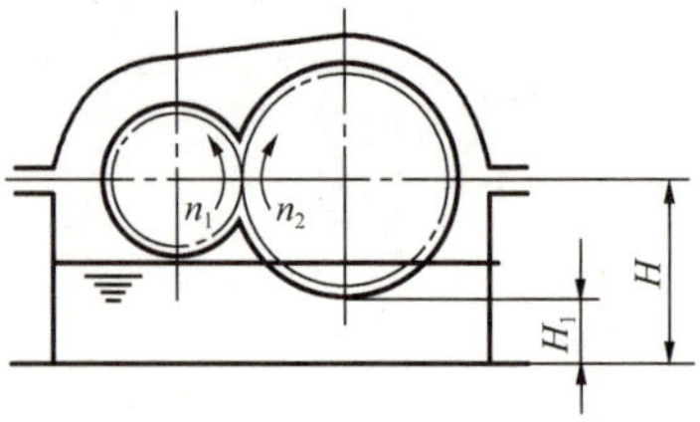

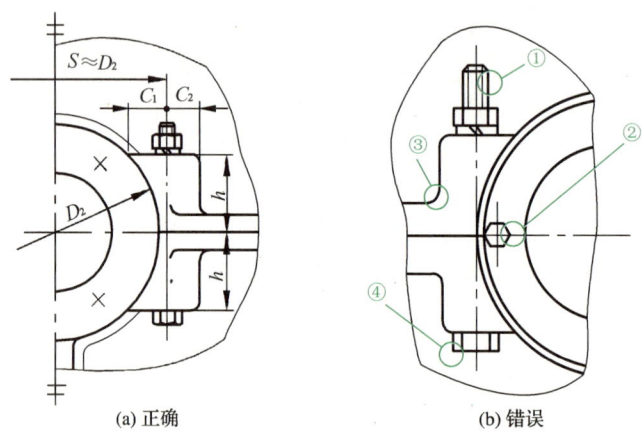

图 1-4-14 箱座高度的确定

式中　d_{a2}——大齿轮齿顶圆直径;

Δ_7——箱底至箱底内壁的距离。

箱座高度 H 确定之后,将其圆整为整数,然后再验算油池容积是否满足按传递功率所确定的需油量。

为保证润滑及散热的需要,减速器内应有足够的油量。一级减速器每传递 1 kW 的功率,需油量为 $[V]=0.35\sim0.70$ L(低黏度油取小值,高黏度油取大值);多级减速器的需油量按级数成比例地增加。根据油面线位置和箱体与油池的有关尺寸,可算出实际装油量 V,应使油池容积 $V\geqslant[V]$。若计算时发现 $V<[V]$,则应将箱体底面线下移,增大箱座高度。

(2)设计轴承旁连接螺栓凸台

为了尽量增大剖分式箱体轴承座的刚度,轴承座两侧的连接螺栓应尽量靠近,但应避免与箱体上固定轴承端盖的螺纹孔及箱体剖分面上的导油沟发生干涉,通常使两连接螺栓的中心距 $S\approx D_2$(D_2 为轴承端盖外径),如图 1-4-15(a)所示。如图 1-4-15(b)所示为错误结构:①凸台用螺栓连接时,螺栓头伸出太长,一般取$(0.2\sim0.3)d$;②螺钉不应拧在剖分面上;③漏画凸台过渡线;④螺栓无法安装,应改为从上至下安装。

(a)正确　　　　(b)错误

图 1-4-15　凸台与螺栓连接

轴承旁连接螺栓凸台高度 h 由连接螺栓直径所确定的扳手空间尺寸 C_1 和 C_2 的数值确定,C_1 和 C_2 参见表 1-4-2。由于减速器上各轴承端盖的外径不等,为便于制造,各凸台高度应设计一致,这样可保证轴承旁连接螺栓的长度都一样,减少了螺栓的品种,要以最大轴承端盖直径 D_2 所确定的高度为准,凸台侧面的斜度通常取 1∶20。

凸台的尺寸由作图确定。即先在主视图上画出轴承端盖的外径 D_2,然后在最大轴承端

盖一侧确定轴承旁连接螺栓的轴线,并使螺栓间距 $S=D_2$。再由表 1-4-2 算出扳手空间尺寸 C_1 和 C_2,在满足 C_1 的条件下,用作图法定出凸台的高度 h。然后画凸台结构。在画凸台结构时,应按投影关系在三个视图上同时进行,如图 1-4-16 所示。如图 1-4-16(a)所示为凸台位于箱壁内侧的结构,如图 1-4-16(b)所示为凸台位置凸出箱壁外侧时的结构。

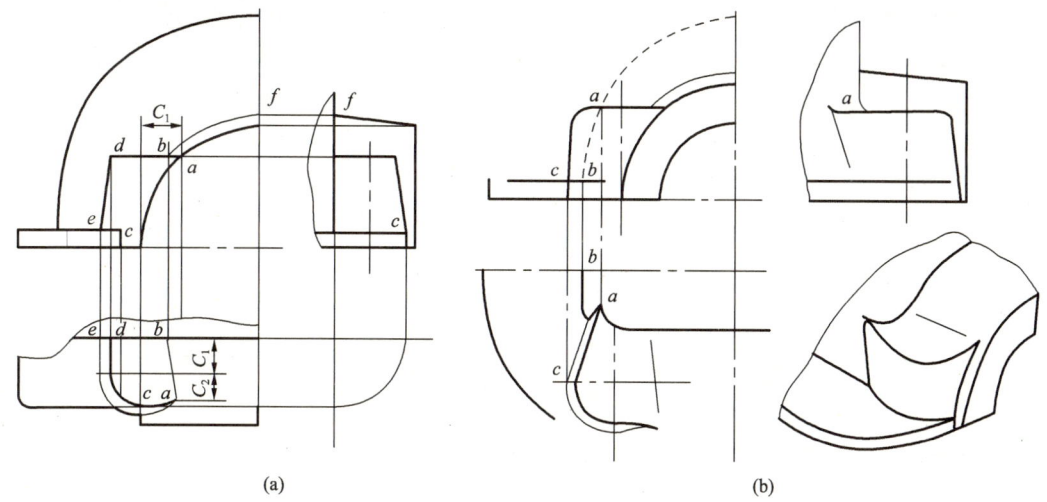

图 1-4-16 凸台画法

(3)设置加强肋板

为了提高轴承座附近箱体刚度,在平壁式箱体上可适当设置加强肋板,肋板厚度见表 1-4-1。

(4)确定箱盖圆弧半径

通常箱盖顶部在主视图上的外廓由圆弧和直线组成,如图 1-4-1 所示。

大齿轮一侧箱盖的外表面是以该大齿轮轴为圆心、以 $R=(d_{a2}/2)+\Delta_1+\delta_1$ 为半径的圆弧轮廓。一般轴承旁连接螺栓的凸台均在箱盖圆弧的内侧。

小齿轮一侧箱盖的外表面圆弧半径,往往不能用公式计算,需根据结构作图确定。

当主视图上小齿轮一侧箱盖结构确定后,将有关部分投影到俯视图上,便可画出箱体内壁、外壁及凸缘等结构。

(5)确定箱体凸缘尺寸

为了保证箱盖与箱座的连接刚度,箱盖与箱座连接凸缘应有较大的厚度 b_1 和 b,如图 1-4-17 所示。

箱体凸缘连接螺栓间距不宜过大,通常对于中小型减速器,其间距取 100~150 mm;对于大型减速器,取 150~200 mm,螺栓尽量对称均匀布置,并注意不要与吊耳、吊钩和定位销等发生干涉。地脚螺栓的数量一般为 4~8 个。

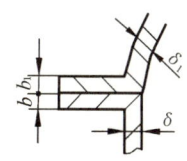

$b_1=1.5\delta_1, b=1.5\delta$

图 1-4-17 箱体连接凸缘

(6)设计导油沟的形式和尺寸

当利用箱内传动件溅起来的油润滑轴承时,通常在箱座的凸缘面上开设导油沟,使飞溅到箱盖内壁上的油经导油沟进入轴承,如图 1-4-18 所示。导油沟的位置要有利于使箱盖斜口处的油进入,并经轴承端盖上的十字形缺口流入轴承。此外,导油沟不应与连接螺栓的孔相通。

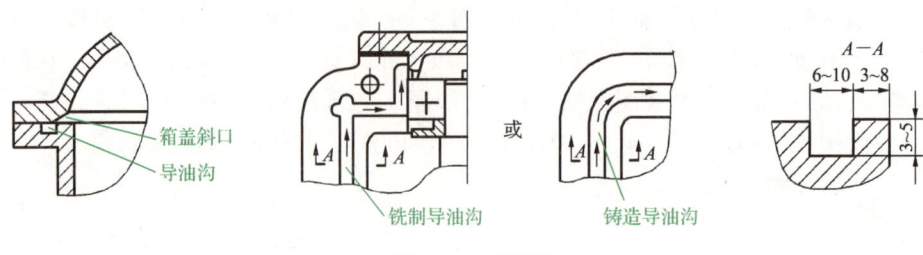

图 1-4-18　导油沟

二、设计减速器轴系零部件

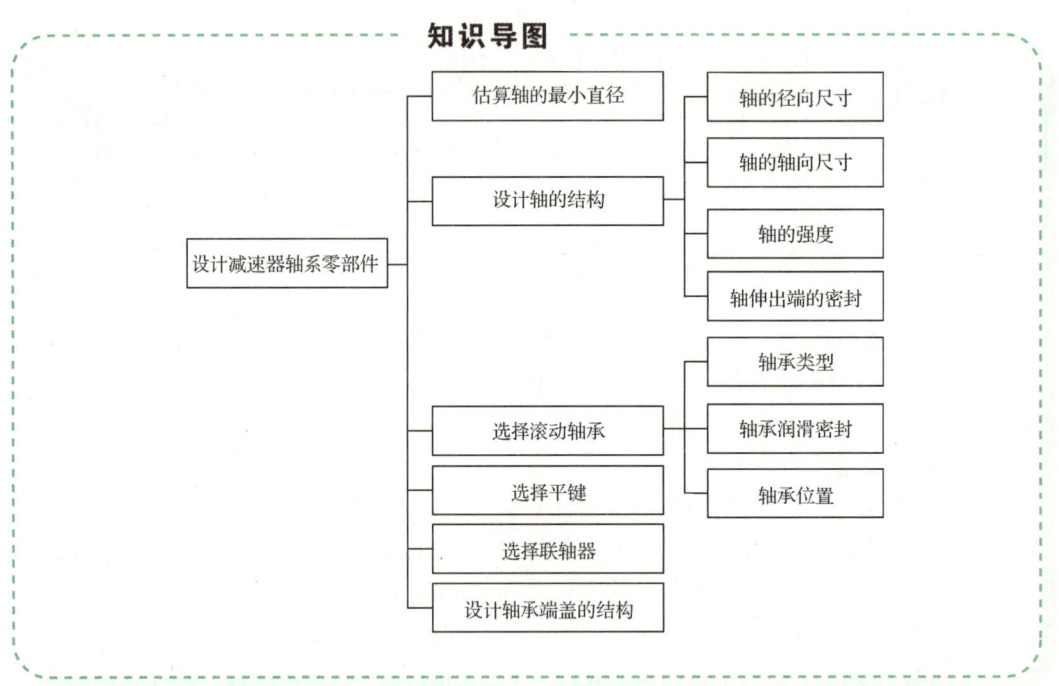

1. 估算轴的最小直径

设计之初仅考虑轴的扭转强度，确定出一个轴的最小直径 d_{min}，而后逐段进行轴的结构设计。具体计算方法参考《机械设计基础》教材。

轴设计的最小直径往往是轴外伸端直径。如果轴上开有键槽，则应将估算直径加大 5%（单键）或 10%（双键），以补偿键槽对轴的强度削弱的影响。如果轴的外伸端装联轴器，并通过联轴器与电动机或工作机主轴相连，则轴的计算直径和电动机轴径均应在所选联轴器孔径允许范围内。

2. 设计轴的结构

轴的结构既要满足强度要求，又需满足轴上零件的定位要求，同时还要方便安装和拆卸轴上零件，即具有良好的工艺性，故一般均设计成阶梯轴。阶梯轴的结构包括径向和轴向两个方向的尺寸，如图 1-4-19 所示。

任务四　减速器的结构、轴系零部件及附件设计

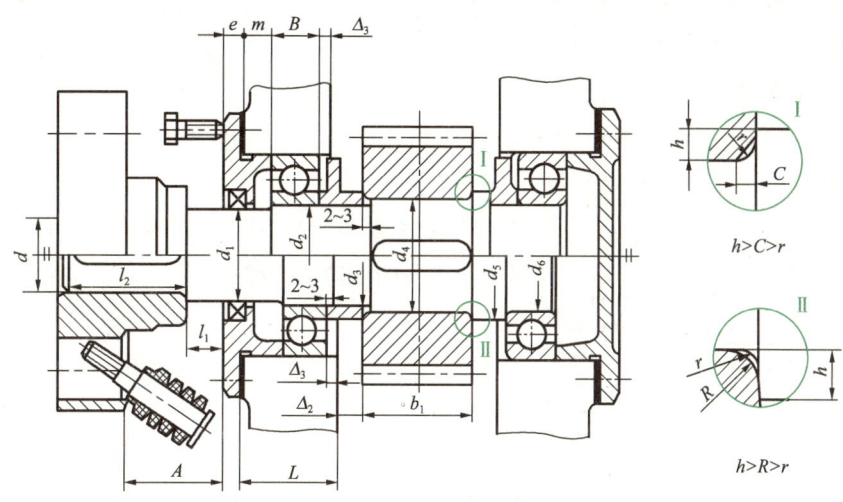

图 1-4-19　轴的结构

（1）轴的径向尺寸设计

径向尺寸反映了轴直径的变化，主要考虑轴上零件的受力、安装、固定及对轴表面粗糙度、加工精度等方面的要求，各轴段直径的确定应尽可能符合标准尺寸。

①轴上装有齿轮和联轴器处的直径，如图 1-4-19 中的 d_4 和 d（d 应与估算直径相对应）应取标准值。

②装有密封件和滚动轴承处的直径，如图 1-4-19 中的 d_1、d_2、d_6，则应与密封件和轴承的内孔径一致。

③初选轴承型号时，直径和宽度系列一般可先按中等宽度选取。

④轴上两个支点的轴承，应尽量采用相同的型号，便于轴承座孔的加工。

⑤考虑轴要有足够的强度，一般都制成中部大、两端小的阶梯状结构。因此，受载较大的齿轮处的轴段直径，如图 1-4-19 中的 d_4，应取较大值。

⑥相邻轴段的直径不同即形成轴肩。当轴肩用于轴上零件定位和承受轴向力时，轴肩应取大些，如图 1-4-19 中 d_1-d、d_5-d_4、d_6-d_5 所形成的轴肩。一般定位轴肩，当配合处轴的直径小于 80 mm 时，轴肩处的直径差可取 5～10 mm。滚动轴承内圈的定位轴肩直径应按轴承的安装尺寸要求取值，以便轴承的拆卸，见表 2-9-1。

为了保证定位可靠，轴肩处的过渡圆角半径 r 应小于零件孔的倒角 C 或圆角半径 R。一般配合表面处轴肩高度和零件孔的圆角、倒角等相关尺寸的推荐值，见表 1-4-4。

表 1-4-4　　　　　零件孔的圆角半径 R、倒角 C 和轴肩高度 h 的推荐值　　　　　　　　　mm

轴径 d	>10～18	>18～30	>30～50	>50～80
r	0.8	1.0	1.6	2.0
C 或 R	1.6	2.0	3.0	4.0
h_{min}	2.0	2.5	3.5	4.5

⑦当两相邻轴段直径的变化仅是为了轴上零件装拆方便或区分加工表面时，两直径略

有差值即可，如取 1～5 mm，如图 1-4-19 中的 d_2-d_1、d_4-d_3。也可采用相同公称直径而取不同的公差数值。

(2) 轴的轴向尺寸设计

轴的各段长度主要取决于轴上零部件(传动件、轴承)的宽度及相关零件(箱体轴承座、轴承端盖)的轴向位置和结构尺寸。

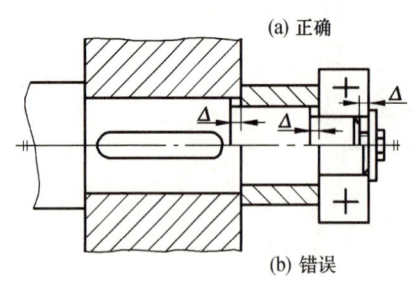

图 1-4-20　轴段长度与零件定位要求

① 对于安装齿轮、带轮、联轴器的轴段，应使轴段的长度略短于相配轮毂的宽度。一般取轮毂宽度与轴段长度之差 $\Delta=2～3$ mm，以保证传动件在用其他零件轴向固定时，能顶住轮毂(而不是顶在轴肩上)，使固定可靠，如图 1-4-20(a)所示。如图 1-4-20(b)所示为错误结构，套筒同时顶在轮毂和轴肩上，定位不可靠。

② 安装滚动轴承处轴段的长度由所选轴承型号的宽度来确定。

③ 轴的外伸段长度取决于外伸轴段上安装的传动件尺寸和轴承端盖结构。如果采用凸缘式轴承端盖，应考虑装拆轴承端盖螺栓所需要的距离 l_1(图 1-4-19)，以便在不拆下外接零件的情况下，能方便地拆下端盖螺栓，打开箱盖。对于中小型减速器，可取 $l_1 \geqslant 15～20$ mm；对于嵌入式轴承端盖因无此要求，可取 $l_1=5～10$ mm。当外伸轴段装有弹性套柱销联轴器时，应留有装拆弹性套柱销的必要距离 A，见表 2-8-6。

(3) 校核轴的强度

在绘出轴的计算简图后，即可参照教材中关于轴的校核计算方法校核轴的强度。若校核后强度不够，则应对轴的设计进行修改。可通过增大轴的直径、修改轴的结构、改变轴的材料等方法提高轴的强度。当轴的强度有富余时，如果与许用值相差不大，一般以结构设计时确定的尺寸为准，不再修改；对于强度富余量过多的情况，也应待轴承及键连接验算后，综合考虑刚度、结构要求等各方面情况再决定如何修改，以防顾此失彼。

(4) 轴伸出端的密封

轴伸出端的密封是为了防止轴承的润滑剂漏失及箱外杂质、水分、灰尘等侵入。

轴伸出端采用毡圈密封，如图 1-4-21 所示。将矩形截面浸油毡圈嵌入梯形槽内，对轴产生压紧作用，从而实现密封。毡圈密封结构简单，但磨损快，密封效果差，主要用于脂润滑和接触面速度不超过 5 m/s 的场合。毡圈和梯形槽的尺寸见表 2-10-1。

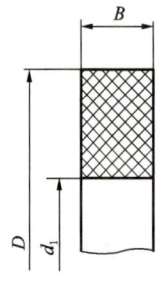 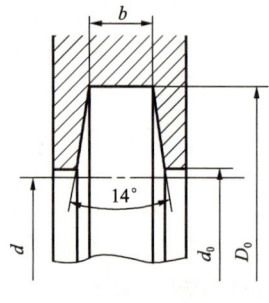 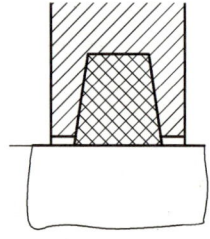

图 1-4-21　毡圈密封

3. 选择滚动轴承

(1) 滚动轴承类型的选择

滚动轴承的类型由载荷与转速等要求而定，一般直齿圆柱齿轮传动和斜齿圆柱齿轮传动可采用深沟球轴承，轴向力较大时可采用角接触轴承。

(2) 滚动轴承的润滑与密封

滚动轴承润滑的目的主要是减轻摩擦和磨损，同时也有冷却、吸振、防锈和减小噪声的作用。减速器中的滚动轴承常采用脂润滑和油润滑。

① 润滑方式：当轴的直径 d (mm) 和转速 n (r/min) 之积 $dn \leqslant 1.5 \times 10^5 \sim 2.0 \times 10^5$ 时，采用脂润滑。采用脂润滑时，为防止箱体内润滑油飞溅到轴承内，稀释润滑脂而变质，同时防止油脂泄入箱内，轴承面向箱体内壁一侧应加挡油环，如图 1-4-22(a) 所示。

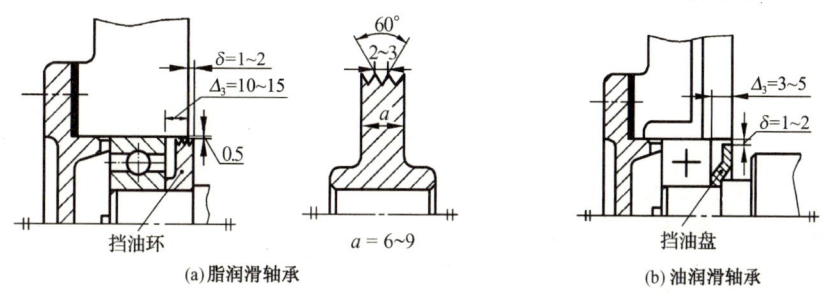

图 1-4-22 轴承在箱体中的位置及润滑

当 $dn > 1.5 \times 10^5 \sim 2.0 \times 10^5$ 时，采用油润滑。如果轴承附近已有润滑油源，也可采用油润滑。

② 密封方式：为了防止减速器轴承座孔内的润滑脂泄入箱内，同时防止箱内润滑油溅入轴承室，应在靠近箱体内壁的轴承旁设置挡油盘，如图 1-4-22(b) 所示。

(3) 轴承的位置确定

轴承在轴承座中的位置与轴承润滑方式有关。为保证轴承的正常润滑，轴承的内侧至箱体内壁应留有一定的间距 Δ_3。当轴承采用脂润滑时，所留间距较大。一般 $\Delta_3 = 10 \sim 15$ mm，以便放置挡油环，防止箱内润滑油溅入而带走润滑脂，如图 1-4-22(a) 所示。当采用油润滑时，一般所留间距 $\Delta_3 = 3 \sim 5$ mm 即可。但当轴承旁的小齿轮齿顶圆小于轴承外径时，为防止啮合（特别是斜齿轮）所挤出的热油冲入轴承内，增大轴承阻力，也要设置挡油盘，其厚度 δ 一般取 $1 \sim 2$ mm，如图 1-4-22(b) 所示。

(4) 滚动轴承的寿命计算

轴承的寿命最好与减速器的寿命或减速器的大修期（2～3 年）大致相符。当按后者确定时，需定期更换轴承。

通用齿轮减速器的工作寿命一般为 36 000 h，其轴承的最短寿命为 10 000 h，可供设计时参考。

向心轴承的支点可取轴承宽度的中点位置；角接触轴承的支点应该取距离外圈端面为 a 的点处，如图 1-4-23 所示，a 值可查轴承标准，见表 2-9-2。

滚动轴承的型号见表 2-9-1 和表 2-9-2。

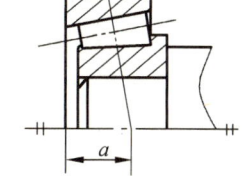

图 1-4-23 角接触轴承支点位置

4. 选择平键

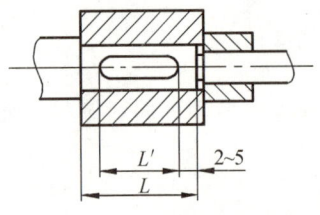

图 1-4-24 键槽位置

平键的剖面尺寸依据相应轴段的直径而定。键的长度应比轴段长度短 5~10 mm。键槽应靠近轮毂装入侧的轴段端部，距离一般为 2~5 mm，以保证装配时轮毂的键槽容易对准平键。键槽位置如图 1-4-24 所示。

当轴上有多个键时，若轴径相差不大，则各键可取相同的剖面尺寸，同时轴上各键槽应布置在轴的同一方位，以便于轴上键槽的加工。

键连接的主要失效形式是较弱工作面的压溃(静连接)或过度磨损(动连接)，因此应按照挤压应力 σ_p 或压强 p 进行条件性的强度计算。若强度不够，则可采取加大键的长度，改用双键、花键，加大轴径等措施来满足强度要求。

5. 选择联轴器

常用的联轴器多已标准化，分为刚性和挠性两大类。在电动机轴与减速器输入轴的连接上，由于所连接轴的转速较大，为了减小启动载荷、缓冲冲击，应选用具有较小转动惯量的、有弹性元件的挠性联轴器，如弹性套柱销联轴器和弹性柱销联轴器。对于减速器输出轴与工作机主轴的联轴器，由于所连接轴的转速较小，传递的转矩较大，当能保证两轴安装精度时，应选用刚性联轴器，如凸缘联轴器。

选择或校核联轴器时，应考虑机器启动时惯性力及过载等影响，按最大转矩或功率进行。设计时通常按计算转矩进行。

联轴器的型号见表 2-8-5~表 2-8-7。

6. 设计轴承端盖的结构

轴承端盖的结构形式采用凸缘式。根据轴是否穿过端盖，轴承端盖又分为透盖和闷盖两种。透盖中央有孔，轴的外伸端穿过此孔伸出箱体，穿过处要有密封装置；闷盖中央无孔，用在轴的非外伸端。

凸缘式轴承端盖如图 1-4-25 所示。这种结构形式的端盖调整轴承间隙比较方便，密封性较好，利用螺钉固定在箱体上。但与嵌入式轴承端盖相比，零件数目较多，尺寸较大，外观不平整。凸缘式轴承端盖大多采用铸铁件，故应使其具有良好的铸造工艺性。当轴承端盖的宽度 L 较大时，为减少加工量，可在端

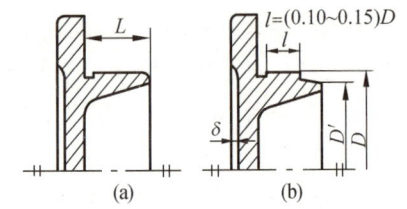

图 1-4-25 凸缘式轴承端盖

部加工出一段较小的直径 D'，但端盖与箱体的配合段必须保留有足够的长度 l，以保证拧紧螺钉时轴承端盖的对中性，避免端盖歪斜，轴承受力不均，一般取 $l=(0.10\sim0.15)D$，尽量使轴承端盖各处厚度均匀，在端盖的端面凹进 $\delta=1\sim2$ mm，以减小加工面，如图 1-4-25(b)所示。

当轴承用箱体内的油润滑时，为了将传动件飞溅的油经箱体剖分面上的导油沟引入轴承，应在轴承端盖上开槽，并将轴承的端部直径做小些，以保证油路畅通，如图 1-4-26 所示。

嵌入式轴承端盖不用螺钉固定，结构简单，与其相配轴段长度比用凸缘式轴承端盖的短，但密封性差。在轴承中设置 O 形密封圈能提高其密封性能，适用于油润滑，如图 1-4-27 所示。由于调整轴承间隙时需打开箱盖，放置调整垫片，比较麻烦，故多用于不调间隙的轴承处(如深沟球轴承)。如果用于角接触轴承，可采用如图 1-4-27(c)所示的结构，用调整螺钉调整轴承间隙。

任务四 减速器的结构、轴系零部件及附件设计

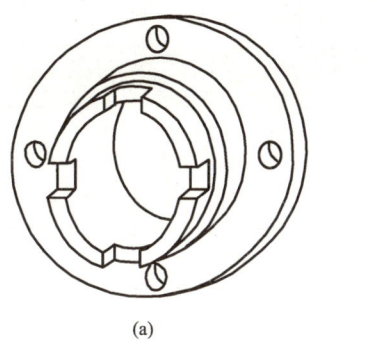
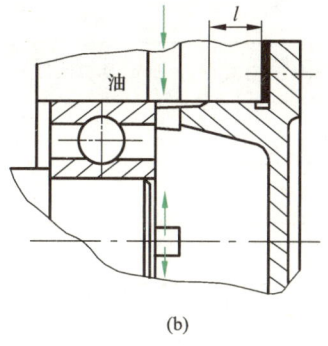

图 1-4-26 油润滑轴承的轴承端盖结构

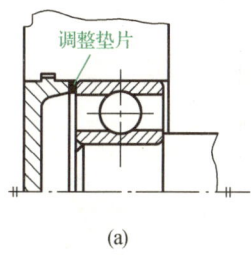
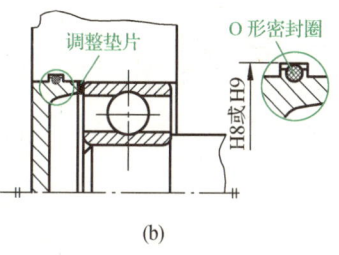
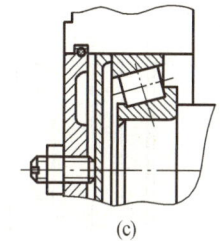

图 1-4-27 嵌入式轴承端盖及密封结构

设计轴承端盖时,可参照表 1-4-5、表 1-4-6、表 1-4-7,确定轴承端盖的各部分尺寸,并绘出其结构。

表 1-4-5　　　　　　　　　　　螺钉连接式轴承端盖　　　　　　　　　　　mm

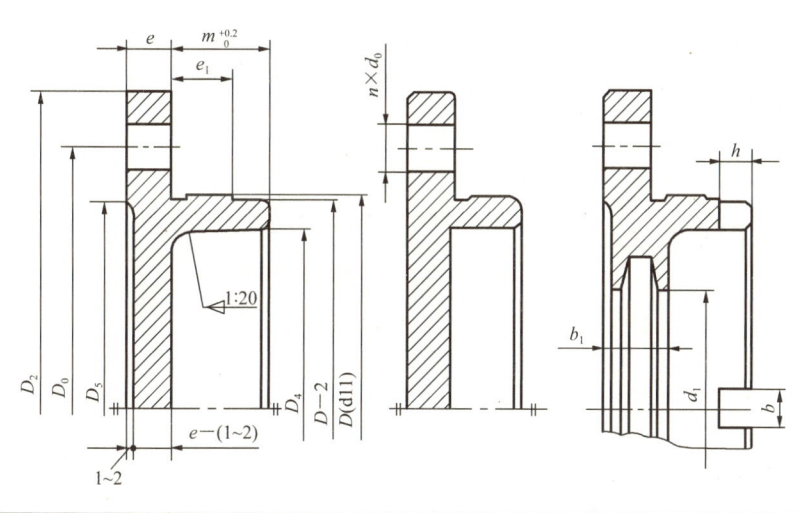

$e = 1.2d_3$（d_3 为轴承端盖螺钉直径）

$e_1 \geqslant e$

$d_0 = d_3 + (1 \sim 2)$

$D_0 = D + (2.0 \sim 2.5)d_3$

$D_2 = D_0 + (2.0 \sim 2.5)d_3$

$D_4 = (0.89 \sim 0.90)D$

$D_5 = D_0 - (2.5 \sim 3.0)d_3$

m 由结构确定

d_1、b_1 由密封尺寸确定

$b = 8 \sim 10$

$h = (0.8 \sim 1.0)b$

材料:HT150

表 1-4-6　　　　　　　　　　　　轴承端盖固定螺钉直径与数目

轴承座孔的直径 D/mm	螺钉直径 d_3/mm	螺钉数目 n/个	轴承座孔的直径 D/mm	螺钉直径 d_3/mm	螺钉数目 n/个
45～65	8	4	110～140	12	6
70～80	10	4	150～230	16	6
85～100	10	4	230 以上	20	8

表 1-4-7　　　　　　　　　　　　嵌入式轴承端盖　　　　　　　　　　　　　　　mm

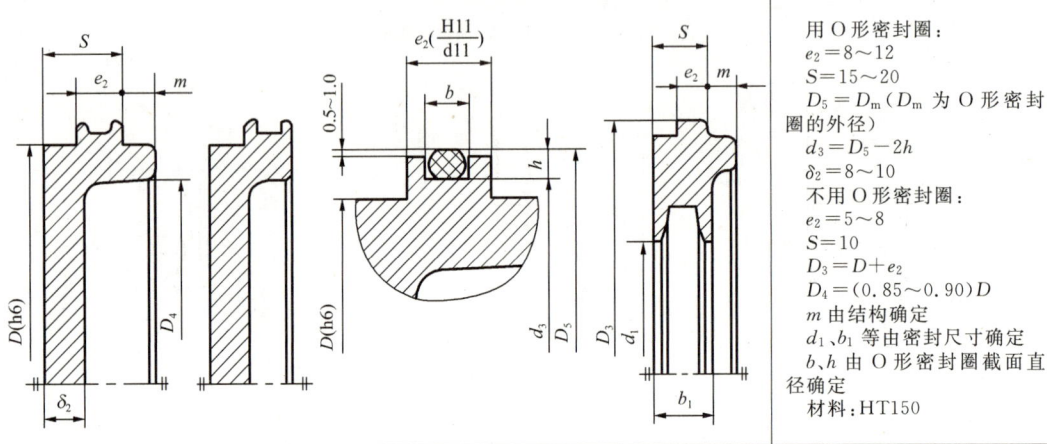

用 O 形密封圈：
$e_2 = 8 \sim 12$
$S = 15 \sim 20$
$D_5 = D_m$（D_m 为 O 形密封圈的外径）
$d_3 = D_5 - 2h$
$\delta_2 = 8 \sim 10$
不用 O 形密封圈：
$e_2 = 5 \sim 8$
$S = 10$
$D_3 = D + e_2$
$D_4 = (0.85 \sim 0.90)D$
m 由结构确定
d_1、b_1 等由密封尺寸确定
b、h 由 O 形密封圈截面直径确定
材料：HT150

三、设计减速器附件

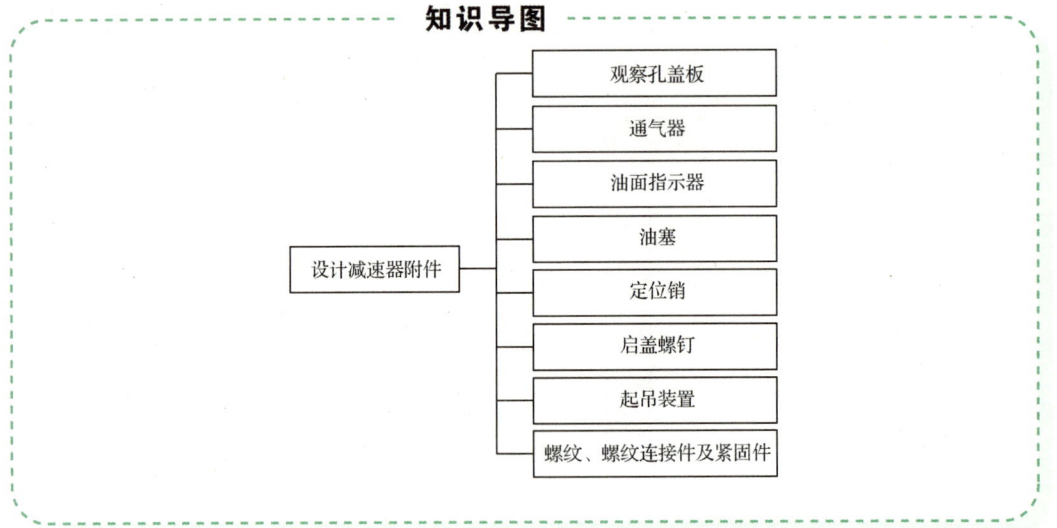

为了使减速器能正常工作,在设计时,箱体上必须设置一些附件,以便于减速器润滑油池的注油和排油、检查油面高度及箱体的连接、定位和吊装等,如图 1-4-1 中的连接螺栓、定位销、吊耳、吊钩等。

1. 观察孔盖板

观察孔的作用是检查传动件的啮合、润滑情况，并向箱体内注入润滑油。平时，观察孔盖板用 M6～M8 螺钉固定在箱盖上。为防止污物进入箱内及润滑油渗漏，在盖板与箱盖之间加有纸质封油垫片，还可在孔口处加过滤装置，如滤油网，以过滤注入油中的杂质。箱体上开观察孔处应有 3～5 mm 高的凸台，以便加工出与孔盖的接触面。

观察孔的位置应开在齿轮啮合区的上方，便于观察齿轮的啮合情况，并有适当的大小，以便手能伸入检查，如图 1-4-28(a) 所示。如图 1-4-28(b) 所示为错误结构：①观察孔只能见到大齿轮，而看不见齿轮的啮合情况；②垫圈没剖着部分不应涂黑；③凸起部分缺轮廓线。

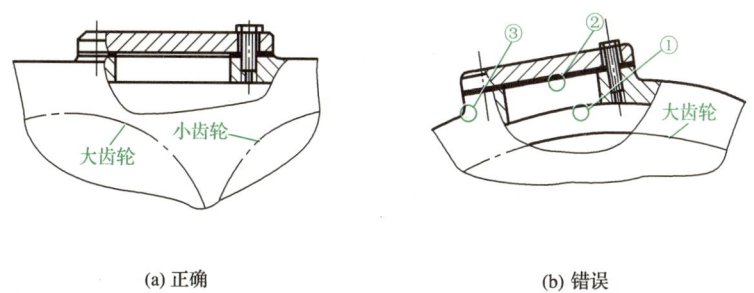

(a) 正确 (b) 错误

图 1-4-28 观察孔的位置

观察孔平时用盖板盖住，观察孔盖板可用铸铁、钢板或有机玻璃制成。

观察孔盖板结构尺寸见表 1-4-8，也可根据减速器结构自行设计。

表 1-4-8 观察孔盖板结构尺寸 mm

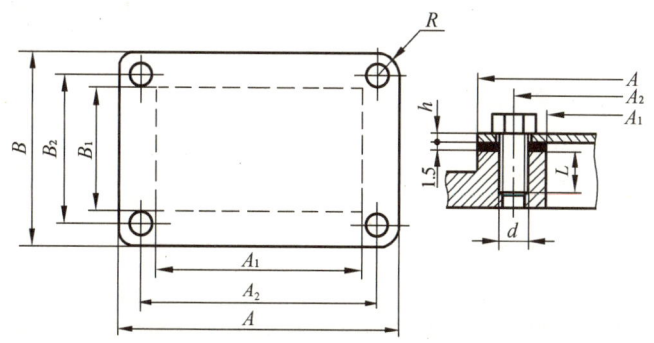

盖板尺寸 $A\times B$	螺钉孔尺寸 $A_2\times B_2$	观察孔尺寸 $A_1\times B_1$	连接螺钉 d	L	个数	盖板厚 h	圆角 R	减速器中心距
90×70	75×55	60×40	M6	15	4	4	5	单级≤150
120×90	105×75	90×60	M6	15	4	4	5	单级≤250
180×140	165×125	150×110	M6	15	8	4	5	单级≤350
200×180	180×160	160×140	M10	20	8	4	10	单级≤450

续表

盖板尺寸 $A \times B$	螺钉孔尺寸 $A_2 \times B_2$	观察孔尺寸 $A_1 \times B_1$	连接螺钉 d	连接螺钉 L	连接螺钉 个数	盖板厚 h	圆角 R	减速器中心距
220×200	200×180	180×160	M10	20	8	4	10	单级≤500
270×220	240×190	210×160	M10	20	8	6	15	单级≤700
140×120	125×105	110×90	M6	15	8	4	5	两级≤250
180×140	165×125	150×100	M6	15	8	4	5	两级≤425
220×160	190×130	150×110	M10	20	8	4	15	两级≤500
270×180	240×150	210×120	M10	20	8	6	15	两级≤650
350×220	320×190	290×160	M10	20	8	10	15	两级≤850
420×260	390×230	350×200	M12	25	10	10	15	两级≤1 100
500×300	460×260	420×220	M12	25	10	10	20	两级≤1 150

注：观察孔盖板材料为 Q235A。

2. 通气器

减速器工作时，箱体内温度升高，气体膨胀，压力增大。为使箱体内热胀空气能自由排出，以保持箱内外压力平衡，不致使润滑油沿分合面、轴伸密封处或其他缝隙渗漏，通常在箱体顶部或观察孔盖板上装通气器。

通气器的结构不仅要有足够的通气能力，而且还要能防止灰尘进入箱内，故通气孔不要直通顶端。

通气器分为简单通气器（通气塞、通气帽等）和通气罩两种，前者适用于发热小和环境清洁的小型减速器，后者适用于灰尘较多、比较重要的减速器。

通气器结构尺寸见表 1-4-9～表 1-4-11。

表 1-4-9　　　　　　　　　　　　通气塞　　　　　　　　　　　　mm

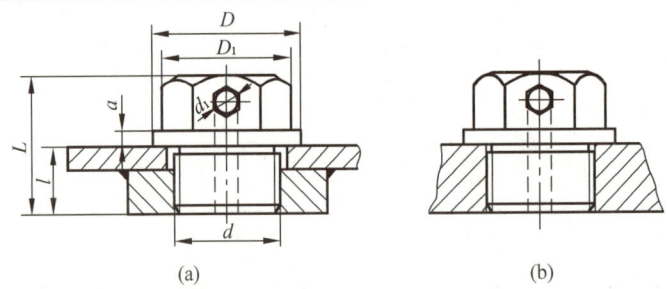

(a)　　　　　　　　(b)

d	D	D_1	L	l	a	d_1
M10×1	13	11.5	16	8	2	3
M12×1.25	18	16.5	19	10	2	4
M16×1.5	22	19.5	23	12	2	5

续表

d	D	D_1	L	l	a	d_1
M20×1.5	30	25.4	28	15	4	6
M22×1.5	32	25.4	29	15	4	7
M27×1.5	38	31.2	34	18	4	8
M30×2	42	39.9	38	20	4	8
M33×2	45	39.9	46	25	4	8

表 1-4-10　　　　　　　　　　通气帽　　　　　　　　　　mm

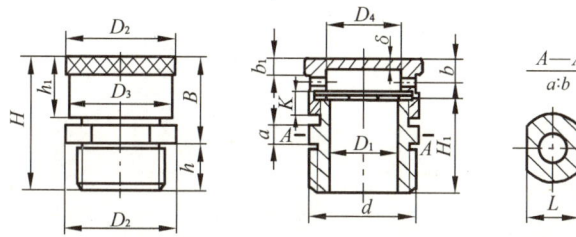

d	D_1	B	h	D_2	H_1	a	δ	K	b	h_1	b_1	D_3	D_4	L	H	孔数
M27×1.5	15	30	15	36	32	6	4	10	8	22	6	32	18	32	≈45	6
M36×2	20	40	20	48	42	8	4	12	11	29	8	42	24	41	≈60	6
M48×3	30	45	25	62	52	10	5	15	13	32	10	56	36	55	≈70	8

表 1-4-11　　　　　　　　　　通气罩　　　　　　　　　　mm

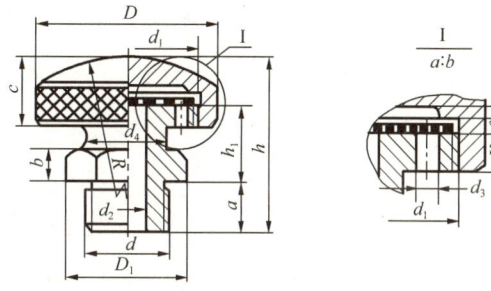

d	d_1	d_2	d_3	d_4	D	h	a	b	c	h_1	R	D_1	K	e	f
M18×1.5	M33×1.5	8	3.0	16	40	40	12	7	16	18	40	25.4	6	2	2
M27×1.5	M48×1.5	12	4.5	24	60	54	15	10	22	24	60	36.9	7	2	2
M36×1.5	M64×1.5	16	6.0	30	80	70	20	13	28	32	80	53.1	10	3	3

3. 油面指示器

为检查减速器内油池油面的高度及油的颜色是否正常,经常保持油池内有适量的能使用的油,一般在箱体便于观察、油面较稳定的部分安装油面指示器。最低油面为传动件正常运转的油面,最高油面由传动件浸油的要求来决定。

常用的油面指示器为油标尺,油标尺上两条刻线的位置分别为极限油面的允许值。检查时,拔出油标尺,根据尺上的油痕判断油面高度是否合适。油标尺一般安装在箱体的侧面,应满足不溢油、易安装、易加工的要求,同时保证油标尺倾斜角不小于45°,如图1-4-29(a)所示。如图1-4-29(b)所示为错误结构:①油标尺无法装拆;②油标尺螺纹处缺少退刀槽;③缺螺纹线;④漏画投影线;⑤油标尺太短,测不到下油面。

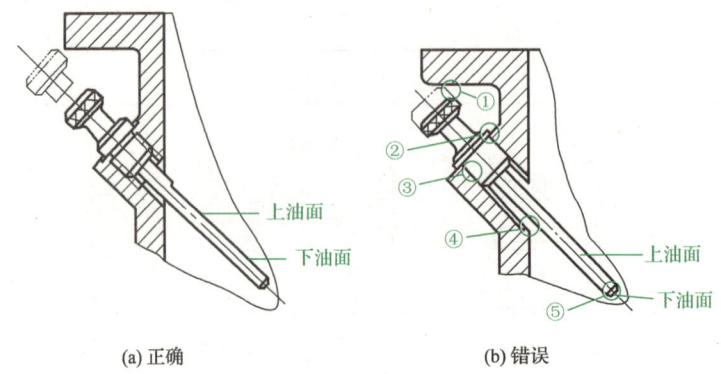

(a) 正确　　　　(b) 错误

图 1-4-29　油标尺的结构及安装

油标尺结构尺寸见表1-4-12。

表 1-4-12　　　　　　　　油标尺结构尺寸　　　　　　　　　　mm

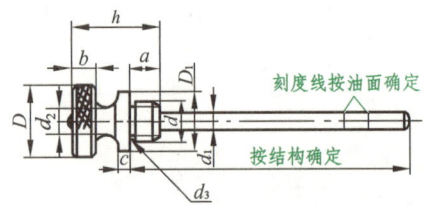

d	d_1	d_2	d_3	h	a	b	c	D	D_1
M12	4	12	6	28	10	6	4	20	16
M16	4	16	6	35	12	8	5	26	22
M20	6	20	8	42	15	10	6	32	26

4. 油塞

为在换油时便于排放污油和清洗剂,应在箱座底部、油池的最低位置处开设放油孔,放油孔的螺纹小径应与箱体内底面取平,箱座内底面常做成斜度为1∶50的外倾斜面,在放油孔附近做成凹坑,以便能将污油放尽。平时用油塞将放油孔堵住,如图1-4-30(a)所示。如图1-4-30(b)所示为错误结构:①放油孔位置过高,阻碍泄油;②垫圈位置错误,油塞无法拧入。

箱壁放油孔处有凸台,以便于机械加工出油塞的支承平面,在其上放置垫圈以加强密封效果。油塞有六角头圆柱细牙螺纹和圆锥螺纹两种。圆柱细牙螺纹油塞自身不能防止漏油,应在六角头与放油孔接触处加封油垫片;而圆锥螺纹油塞能直接密封,故不需要密封垫片。油塞的直径可按减速器箱座壁厚的2.0~2.5倍选取。

任务四 减速器的结构、轴系零部件及附件设计

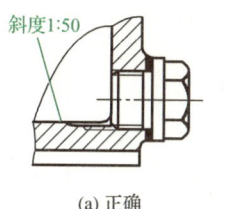
(a) 正确

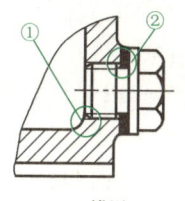
(b) 错误

图 1-4-30 油塞及其位置

外六角螺塞的结构尺寸见表 1-4-13。

表 1-4-13　　　　　　　外六角螺塞(摘自 GB/T 2878.4—2011)　　　　　　　mm

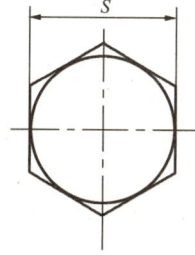
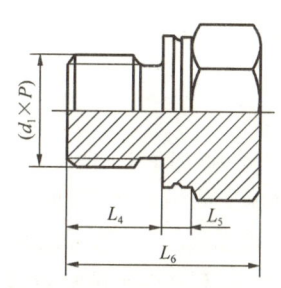

螺纹($d_1 \times P$)	L_4 参考	L_5 参考	L_6 参考	S
M8×1	9.5	1.6	16.5	12
M10×1	9.5	1.6	17	14
M12×1.5	11	2.5	18.5	17
M14×1.5	11	2.5	19.5	19
M16×1.5	12.5	2.5	22	22
M18×1.5	14	2.5	24	24
M20×1.5	14	2.5	25	27
M22×1.5	15	2.5	26	27
M27×2	18.5	2.5	31.5	32
M30×2	18.5	2.5	33	36
M33×2	18.5	3	34	41
M42×2	19	3	36.5	50
M48×2	21.5	3	40	55
M60×2	24	3	44.5	65

注：1. 螺柱端应符合 GB/T 2878.2—2011 不可调节重型(S系列)螺柱端规定。
　　2. S 为外六角对边宽度。
　　3. M20×1.5 仅适用于插装阀的插装孔，参见 JB/T 5963—2014。

5. 定位销

为保证每次拆装箱盖时，仍保持轴承座孔制造加工时的精度，应在精加工轴承座孔前，在箱盖与箱座的连接凸缘长度方向的两端，各装配一个定位销。为保证定位精度，两定位销

应布置在箱体对角线方向,距箱体中心线不要太近。此外,还要考虑到加工和装拆方便,而且不与吊钩、螺栓等其他零件发生干涉。

定位销是标准件,有圆锥销和圆柱销两种结构,见表2-7-6和表2-7-7。通常采用圆锥销,一般圆锥销的直径$d=(0.7\sim0.8)d_2$(d_2是箱体连接螺栓直径),其长度应大于箱体连接凸缘总厚度,以便于装拆,其连接方式如图1-4-31(a)所示。如图1-4-31(b)所示为错误结构:①定位销没有出头,不便于装拆;②互相接触的零件其剖面线方向应相反。

6. 起盖螺钉

为加强密封效果,装配时通常在箱体剖分面上涂以水玻璃或密封胶,然而在拆卸时往往因胶结紧密难于开盖。为此常在箱座连接凸缘的适当位置加工出1或2个螺钉孔,旋入起盖螺钉,将上箱盖顶起,起盖螺钉直径约与箱体凸缘连接螺栓直径相同,螺纹有效长度应大于箱盖凸缘厚度。最好与连接螺栓布置在同一条直线上,便于钻孔。起盖螺钉结构如图1-4-32(a)所示;起盖螺钉亦可设置于底座,由下向上顶开箱盖,如图1-4-32(b)所示。

7. 起吊装置

当减速器质量超过25 kg时,为了便于拆卸和搬运,在箱体上应设置起吊装置。它常由箱盖上的吊孔或吊耳和箱座上的吊钩构成,见表1-4-14,吊钩在箱座两端凸缘下部直接铸出,其宽度一般与箱壁外凸缘宽度相等,吊钩可以起吊整台减速器。也可采用吊环螺钉拧入箱盖,以起吊小型减速器箱盖,但不允许起吊整台减速器,如图1-4-33(a)所示。如图1-4-33(b)所示为错误结构:①缺螺钉孔座;②缺螺纹余留量。吊环螺钉为标准件,可按起吊质量选取,见表1-4-15。

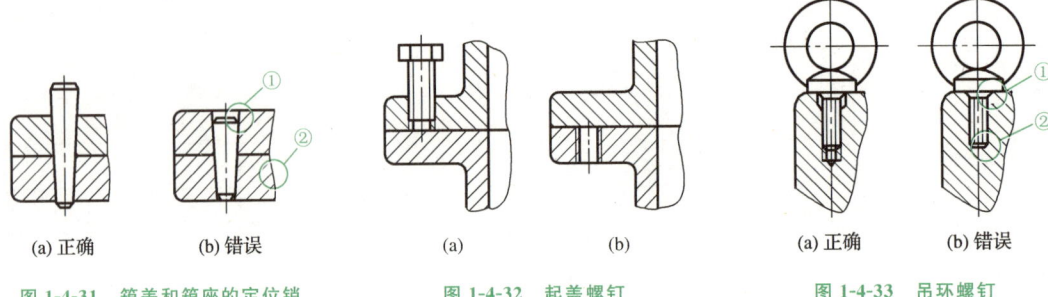

图1-4-31 箱盖和箱座的定位销　　　　图1-4-32 起盖螺钉　　　　图1-4-33 吊环螺钉

表1-4-14　　　　起重吊耳和吊钩

吊耳在箱盖上铸出	
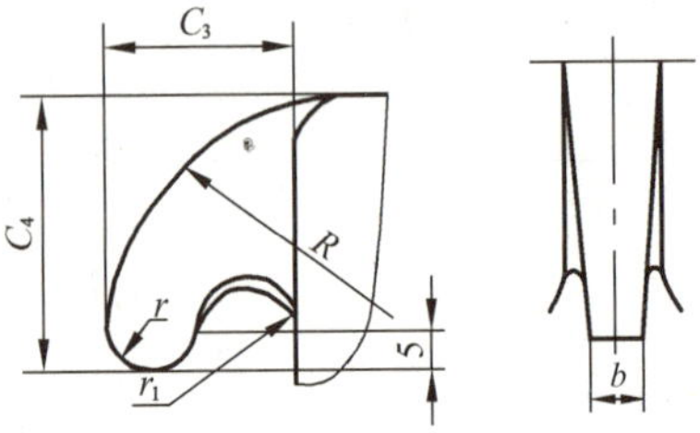 (图)	$C_3=(4\sim5)\delta_1$(δ_1为箱盖壁厚,见表1-4-1) $C_4=(1.3\sim1.5)C_3$ $b=(1.8\sim2.5)\delta_1$ $R=C_4$ $r_1\approx 0.2C_3$ $r\approx 0.25C_3$

续表

吊耳环在箱盖上铸出	
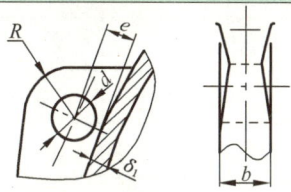	$d=b\approx(1.8\sim2.5)\delta_1$ $R\approx(1.0\sim1.2)d$ $e\approx(0.8\sim1.0)d$
吊钩在箱座上铸出	
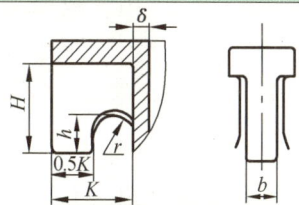	$K=C_1+C_2(C_1、C_2$ 见表 1-4-2) $H\approx0.8K$ $h\approx0.5H$ $r\approx0.25K$ $b\approx(1.8\sim2.5)\delta(\delta$ 为箱座壁厚,见表 1-4-1)
吊钩在箱座上铸出	
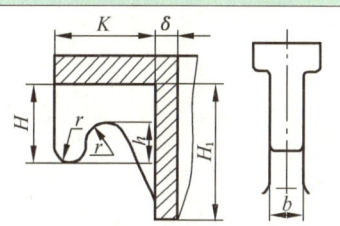	$K=C_1+C_2(C_1、C_2$ 见表 1-4-2) $H\approx0.8K$ $h\approx0.5H$ $r\approx K/6$ $b\approx(1.8\sim2.5)\delta$ H_1 由结构决定

表 1-4-15　　　　　　　吊环螺钉(摘自 GB/T 825—1988)　　　　　　　mm

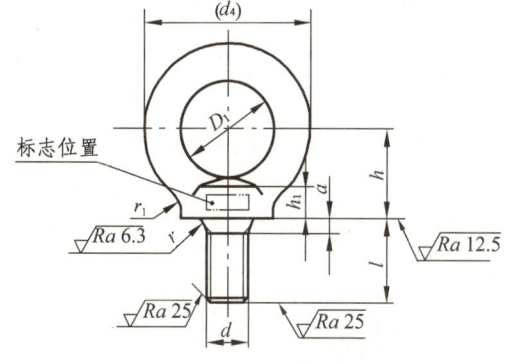

A 型

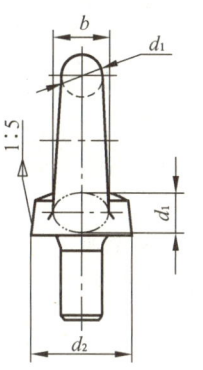

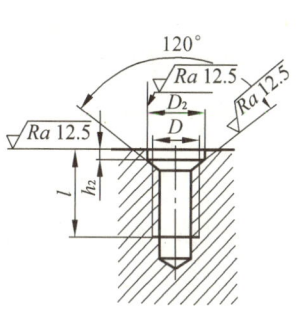

适用于 A 型

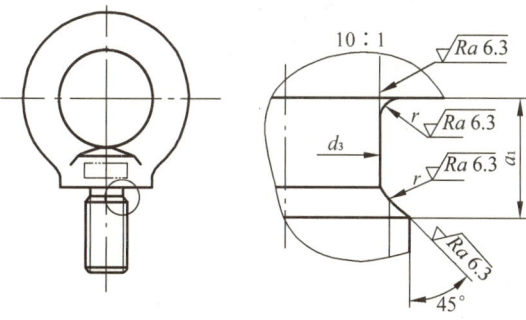

B 型　　　　　　　　　　　　　　单螺钉起吊　　　　双螺钉起吊

续表

螺纹规格(d)		M10	M12	M16	M20	M24	M30
d_1	max	11.1	13.1	15.2	17.4	21.4	25.7
D_1	公称	24	28	34	40	48	56
d_2	min	23.6	27.6	33.6	39.6	47.6	55.5
h_1	min	7.6	9.6	11.6	13.5	17.5	21.4
l	公称	20	22	28	35	40	45
d_4	参考	44	52	62	72	88	104
h		22	26	31	36	44	53
r_1		4	6	6	8	12	15
r	min	1	1	1	1	2	2
a_1	max	4.5	5.25	6	7.5	9	10.5
d_3	公称	7.7	9.4	13	16.4	19.6	25
a	max	3	3.5	4	5	6	7
b		12	14	16	19	24	28
D		M10	M12	M16	M20	M24	M30
D_2	公称	15	17	22	28	32	38
h_2	max	3.4	3.98	4.98	5.48	7.58	8.58

8. 螺纹、螺纹连接件及紧固件

箱座与箱盖常用螺纹连接,如图1-4-34(a)所示。箱内组件使用紧固件加以固定。螺纹及螺纹连接件主要标准,见表2-6-1、表2-6-2、表2-6-11和表2-6-15。如图1-4-34(b)所示为错误结构:①螺栓与被连接件之间漏画间隙;②螺纹终止线用细实线表示;③弹簧垫圈开口方向画反;④箱体与螺母、螺栓头结合面应画锪平孔。

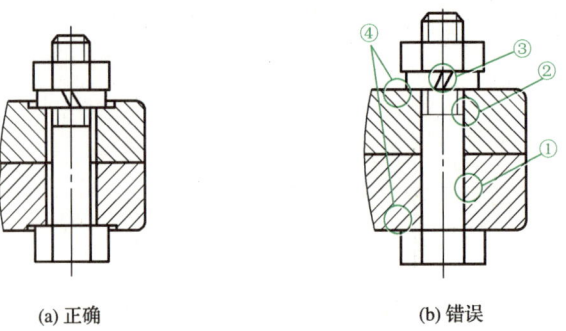

(a) 正确　　　　　　(b) 错误

图 1-4-34　螺栓连接

知识总结

1. 一级圆柱齿轮减速器主要由箱体、轴、轴上零部件、轴承部件、润滑和密封装置及减速器附件等部分组成。

2. 减速器轴系零部件设计的主要内容：初步估算轴的最小直径；确定轴的结构尺寸，同时选择轴上配合的标准零部件的型号及规格（如联轴器和轴承等）；根据轴的结构设计，计算确定出轴上各配合零部件的位置及支承间距；进而做轴系零部件（包括轴、轴承和键连接等）的强度校核或寿命计算。

3. 滚动轴承润滑的目的主要是减轻摩擦、磨损，同时也有冷却、吸振、防锈和减小噪声的作用。减速器中，当轴的直径 d（mm）和转速 n（r/min）之积 $dn \leqslant 1.5 \times 10^5 \sim 2.0 \times 10^5$ 时，采用脂润滑。当 $dn > 1.5 \times 10^5 \sim 2.0 \times 10^5$ 时，采用油润滑。如果轴承附近已有润滑油源，也可采用油润滑。

4. 键连接的主要失效形式是较弱工作面的压溃（静连接）或过度磨损（动连接），应按照挤压应力 σ_p 或压强 p 进行条件性的强度计算。若强度不够，则可采取加大键的长度，改用双键、花键，加大轴径等措施来满足强度要求。

5. 选择或校核联轴器时，应考虑机器启动时惯性力及过载等影响，按最大转矩或功率进行。一般高速轴用挠性联轴器，低速轴则用刚性联轴器。

6. 减速器箱体上必须设置一些附件，以便于减速器润滑油池的注油、排油、检查油面高度及箱体的连接、定位和吊装等。

能力检测

1. 如何加强轴承座和箱体的刚度？箱体的轴承孔如何加工？
2. 能否在减速器上、下箱体结合面处加垫片等来防止箱内润滑油的泄漏？为什么？
3. 结合你的设计图纸，指出箱体有哪些部位需要加工。
4. 外伸轴的最小直径和外伸长度如何确定？
5. 试述你设计的轴上零件的轴向与径向定位方法。
6. 你设计的轴承采用了哪种润滑方式？根据是什么？
7. 在减速器中，为什么有的滚动轴承座孔内侧用挡油环，而有的不用？
8. 如何选择、确定键的类型和尺寸？
9. 键连接应进行哪些强度计算？若强度不够，如何解决？
10. 高速级和低速级的联轴器型号有何不同？为什么？
11. 轴承端盖起什么作用？有哪些形式？
12. 减速器上的观察孔有何用处？应安置在何处为宜？
13. 减速器上通气器有何用处？应安置在何处为宜？

14. 油面指示器的位置如何确定?
15. 如何确定油塞的位置和直径?它为什么用圆柱细牙螺纹或圆锥螺纹?
16. 起盖螺钉的作用是什么?其结构有何特点?
17. 定位销的作用是什么?销孔的位置和直径如何确定?销孔在何时加工?
18. 试述螺栓连接的防松方法。在你的设计中采用了哪种方法?
19. 减速器上吊环或起重吊耳的作用是什么?试说明设计时需注意的事项。
20. 减速器中有哪些地方需要密封?在你的设计中是如何保证的?

任务五
减速器装配图设计

☑ 知识目标

◎ 掌握减速器装配草图的绘制方法。
◎ 掌握减速器装配图的绘制方法。

☑ 能力目标

◎ 正确确定各传动件的轮廓及相对位置。
◎ 正确确定箱体内壁线。
◎ 正确确定箱体轴承座孔端面位置。
◎ 对完成的装配草图进行全面检查。
◎ 正确确定箱体轴承座孔端面位置。
◎ 对完成的装配图标注必要尺寸、注明技术要求、编写技术
   要求和编制零件序号、明细栏和标题栏。
◎ 对完成的装配图进行全面检查。

一、布置装配图

知识导图

```
                    ┌── 必需的技术数据
                    │                    ┌── 绘图比例
布置装配图 ─────────┤
                    │                    │
                    └── 选择视图及比例 ──┤
                                         └── 图纸幅面
```

1. 必需的技术数据

完成有关绘制装配草图所必需的技术数据如下：

(1) 电动机有关尺寸，如中心高、输出轴的轴径、轴伸出长度等。

(2) 联轴器型号，半联轴器毂孔长度、毂孔直径及有关安装尺寸要求。

(3) 传动件的中心距、分度圆直径、齿顶圆直径和齿宽。

(4) 传动件的位置尺寸，包括传动件之间的位置尺寸和它们与箱体内壁之间的尺寸。

2. 选择视图及比例

减速器装配图一般需要三个视图才能表达清楚、完整。一般用 A1 图纸或 A0 图纸绘制，尽量选择 1∶1 或 1∶2 的比例。

图面布置的步骤如下：

(1) 根据传动件的设计尺寸，同时考虑到传动件之间的位置尺寸及它们与箱体内壁之间的尺寸，初步估计选用图纸幅面代号。

(2) 按机械制图的规定，在选定的图纸上绘出外框线及标题栏，具体尺寸参照国家标准，见表 1-5-1。

表 1-5-1　图纸幅面、图样比例(摘自 GB/T 14689－2008、GB/T 14690－1993)

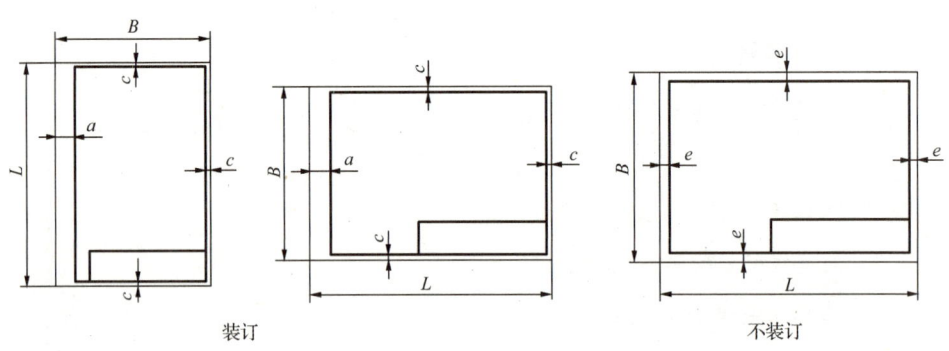

幅面代号	A0	A1	A2	A3	A4
$B \times L$	841×1 189	594×841	420×594	297×420	210×297
c	10	10	10	5	5
a	25	25	25	25	25
e	20	20	20	10	10
比例种类	原值比例	缩小比例	缩小比例	放大比例	放大比例
比例	1∶1	1∶2　　1∶5　　1∶10 1∶2×10^n　1∶5×10^n　1∶1×10^n		5∶1　　2∶1 5×10^n∶1　2×10^n∶1　1×10^n∶1	

注：1. 表中为基本幅面的尺寸。

2. 必要时可以将表中幅面的边长加长，成为加长幅面，它是由基本幅面的短边成整数倍增加后得出的。

3. 加长幅面的图框尺寸，按所选用的基本幅面大一号的图框尺寸确定。

4. n 为正整数。

（3）在图纸的有效面积内，安排三个视图的位置，同时要考虑编写技术要求和零件明细表所需要的图面空间，图面布置如图1-5-1所示。

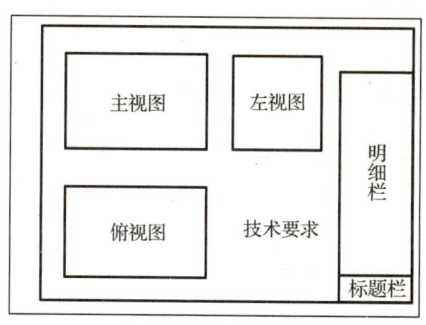

图1-5-1　图面布置

二、绘制减速器装配草图

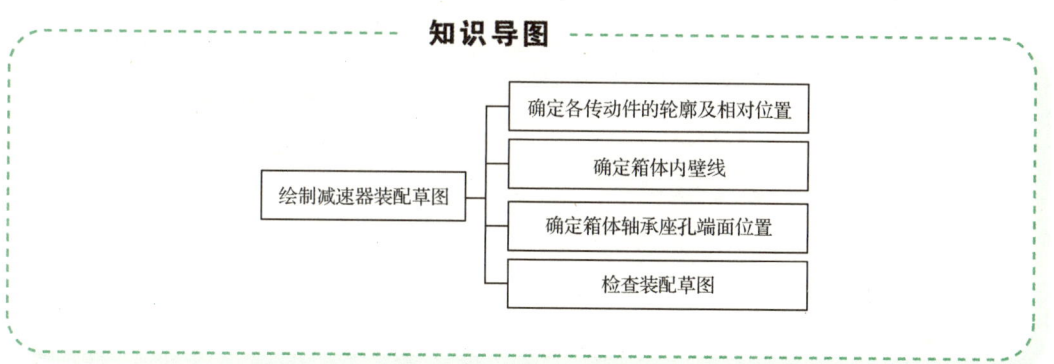

绘制减速器装配草图常选择俯视图作为画图的开始，兼顾主视图。当俯视图画得差不多时，辅以其他视图。应先绘制主要零件，再绘制次要零件；先确定零件中心线和轮廓线，再设计其结构细节；先绘制箱内零件，再逐步扩展到箱外零件；先绘制俯视图，再兼顾其他几个视图。

(1) 俯视图

中心线→轴→传动件（如各个齿轮的宽度）→箱体内宽→轴承→轴承端盖端面→轴的外伸长度（与轴承端盖有关）→箱体外壁→其他。

(2) 主视图

以俯视图为基准，画各个齿轮齿顶圆，根据低速轴大齿轮的齿顶圆确定箱体外形的内壁和外壁；画各个轴承端盖确定凸台，凸台轴承座孔两侧螺栓与轴承端盖大圆基本相切；根据箱盖与箱座的连接螺栓定外界尺寸（通气器、吊钩）；根据润滑油油面尺寸定中心高→定底座、油标尺、油塞、地脚螺栓等→根据箱体尺寸一步步扩大绘制。

(3)其他

俯视图、主视图基本轮廓设计好后,再绘制如连接件、密封件及各铸件的铸造圆角等,但不能描深线条。

1. 确定各传动件的轮廓及相对位置

(1)减速器装配中的各位置尺寸

下面以圆柱齿轮减速器为例说明粗绘装配草图的步骤。减速器装配草图设计的尺寸可按表 1-5-2、图 1-5-2～图 1-5-4 计算确定。

表 1-5-2　　　　　　　　　　　减速器装配草图的尺寸

符 号	名 称	尺寸确定及说明
b_1、b_2	大、小齿轮宽度	由齿轮设计计算确定
Δ_1	齿轮齿顶圆与箱体内壁的距离	$\Delta_1 \geqslant 1.2\delta$($\delta$ 为箱座壁厚,见表 1-4-1)
Δ_2	齿轮端面与箱体内壁的距离	应考虑铸造和安装精度,取 $\Delta_2 = 10 \sim 15$ mm
Δ_3	箱体内壁至轴承端面的距离	轴承用脂润滑时,此处设挡油环,$\Delta_3 = 10 \sim 15$ mm;油润滑时 $\Delta_3 = 3 \sim 5$ mm
Δ_4	具有相对运动的相邻两个回转零件端面之间的距离	$\Delta_4 = 10$ mm
Δ_5	小齿轮齿顶圆与箱体内壁距离	由箱体结构投影确定
B	轴承宽度	按初选的轴承型号确定,查表 2-9-1 和表 2-9-2
L	轴承座孔宽度	对剖分式箱体,应考虑壁厚和连接螺栓扳手空间位置,$L \geqslant \delta + C_1 + C_2 + (5 \sim 10)$ mm(δ 见表 1-4-1, C_1、C_2 见表 1-4-2)
m	轴承端盖定位圆柱面长度	根据结构,$m = L - \Delta_3 - B$
l_1	外伸轴段上旋转零件的内端面与轴承端盖外端面的距离	要保证轴承端盖螺钉的拆装空间及联轴器柱销的装拆空间,一般 $l_1 \geqslant 15$ mm;对于嵌入式轴承端盖,$l_1 = 5 \sim 10$ mm
l_2	外伸轴装旋转零件轴段的长度	由轴上旋转零件的相关尺寸确定
e	轴承端盖凸缘厚度	见表 1-3-6
l_3	大齿轮齿顶圆与相邻轴外圆的距离	$l_3 \geqslant 15 \sim 20$ mm
Δ_6	大齿轮齿顶圆至箱底内壁的距离	$\Delta_6 > 30 \sim 50$ mm
Δ_7	箱底至箱底内壁的距离	$\Delta_7 \approx 20$ mm
H	减速器中心高	$H \geqslant r_{a2} + \Delta_6 + \Delta_7$($r_{a2}$ 为大齿轮齿顶圆半径)

注:A_1、B_1、C_1、A_2、B_2、C_2、A_3、B_3、C_3 由各轴的结构设计确定。

任务五 减速器装配图设计

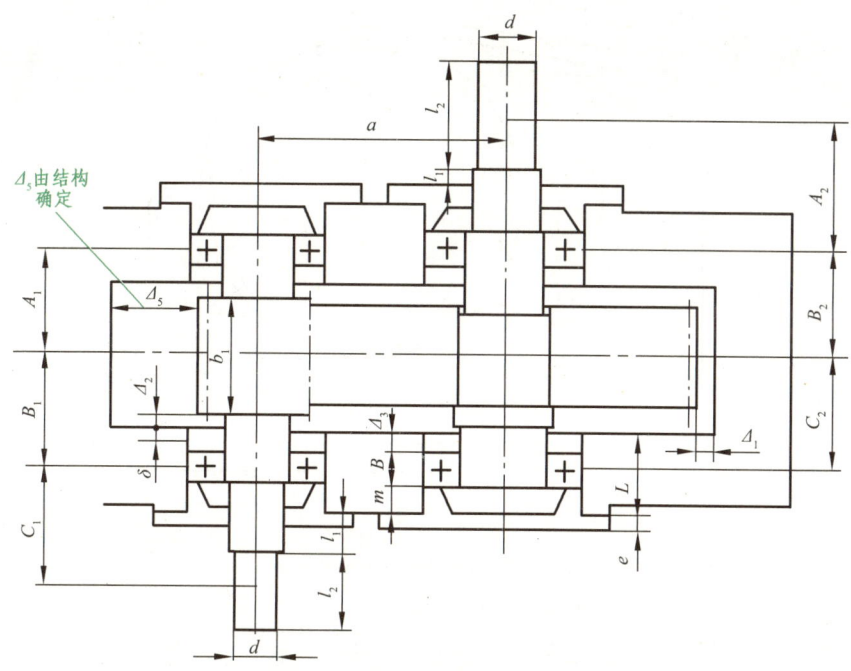

图 1-5-2 一级圆柱齿轮减速器装配草图(1)

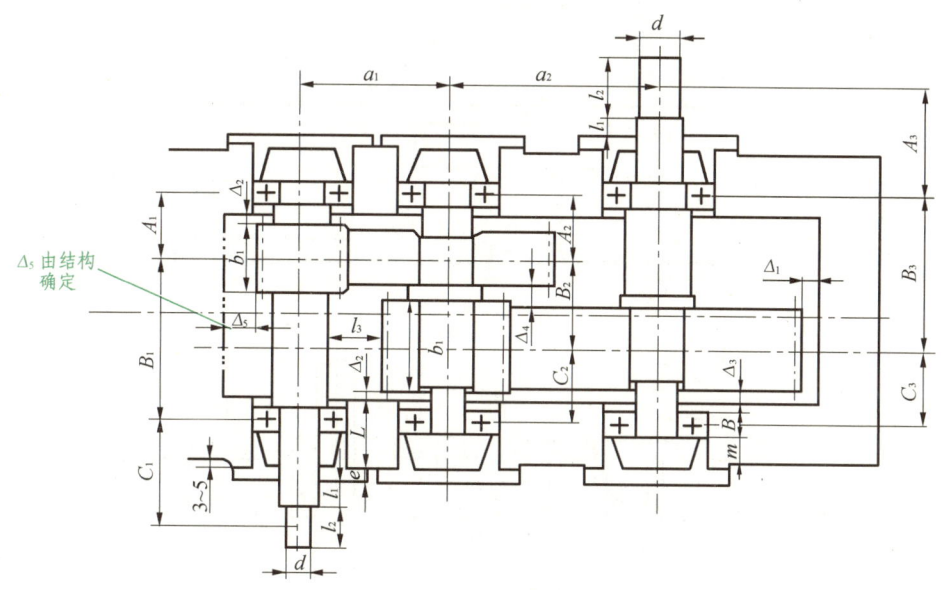

图 1-5-3 二级圆柱齿轮减速器装配草图(1)

(2)确定各传动件的轮廓及其相对位置

绘制圆柱齿轮减速器装配草图时,一般从主、俯视图开始(俯视图为主),如图 1-5-5 所示。绘制过程如下:

① 在主、俯视图上,画出各传动件的中心线,如图 1-5-5(a)所示。

② 确定各传动件的位置,并依据各自的分度圆直径、齿顶圆直径及齿宽绘制各传动件的轮廓尺寸(先从高速级传动件开始)。为保证全齿宽接触,通常使小齿轮比大齿轮宽

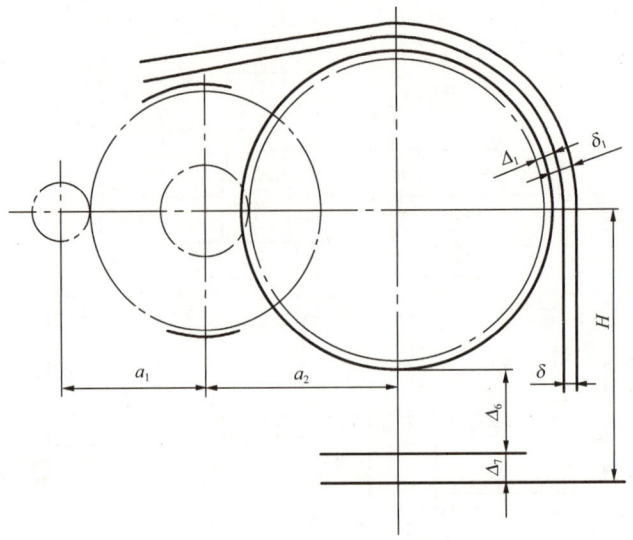

图 1-5-4 减速器主视图装配草图

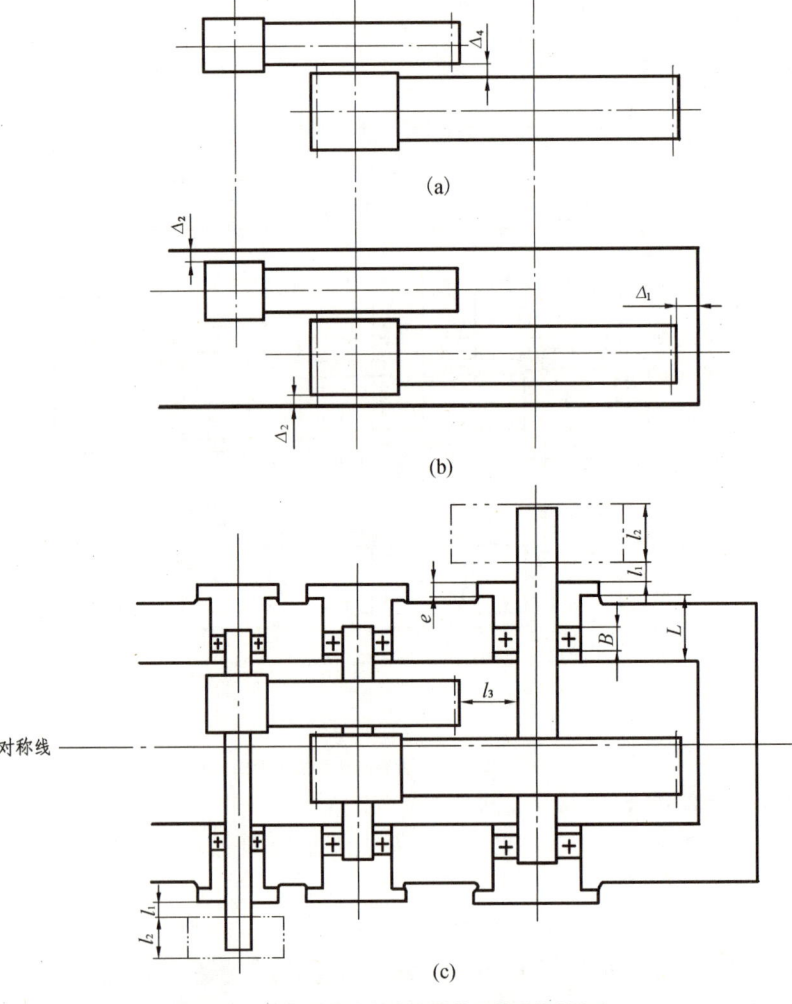

图 1-5-5 二级圆柱齿轮减速器装配草图绘制顺序

5～10 mm。在设计两级展开式齿轮减速器时,为避免发生干涉,应使两个大齿轮端面之间留有一定的距离 Δ_4,并使中间轴上大齿轮与输出轴之间保持一定距离 l_3,见表 1-5-2。当 $l_3 <$ 15 mm 时,可采用重新分配传动比或改变齿宽系数等办法重新设计传动件,如图 1-5-5(c)所示。

另外,在绘制俯视图中齿轮啮合状态时,要注意齿轮啮合处的正确画法,要画清五条线:三条粗实线、一条细虚线和一条细点画线。三条粗实线是主动轮的齿顶线、齿根线和从动轮的齿根线;一条细虚线是从动轮的齿顶线;一条细点画线是相重合的分度圆中心线。齿轮啮合画法如图 1-5-6 所示。

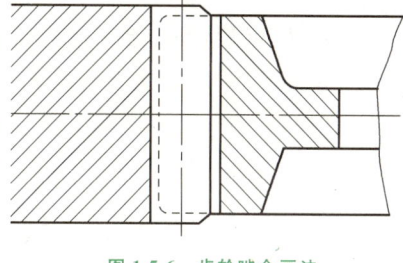

图 1-5-6 齿轮啮合画法

2. 确定箱体内壁线

为了避免因箱体铸造误差造成齿轮与箱体间的距离过小而导致齿轮与箱体碰撞,箱体内壁与传动件间应留有一定的距离。

对于圆柱齿轮减速器,应在大齿轮齿顶圆和齿轮端面与箱体内壁之间留有距离 Δ_1 和 Δ_2,其值见表 1-5-2。画箱体内壁线时,先按小齿轮端面与箱体内壁之间的距离 Δ_2 的要求,沿箱体长度方向绘出两条内壁线,再按大齿轮齿顶圆与箱体内壁之间的距离 Δ_1 的要求,沿箱体宽度方向绘出大齿轮一侧的内壁线,同时也绘出主视图上箱盖的内壁线位置。而高速级小齿轮一侧的箱体内壁线还应考虑其他条件才能确定(因为设计高速级小齿轮处的箱体形状和尺寸,要考虑到轴承处上、下箱体连接螺栓的布置和凸台的高度尺寸),暂不画出,如图 1-5-5(b)所示。

从表 1-5-2 中查 Δ_1、Δ_2 时,首先应根据表 1-4-1 查出 δ 后才能查取。

3. 确定箱体轴承座孔端面位置

轴承座孔的宽度 L 取决于轴承旁的螺栓直径 d_1 的大小,见表 1-5-2,即要依据 d_1 所要求的扳手空间尺寸 C_1 和 C_2 来确定,如图 1-5-7 所示。轴承座孔的宽度 $L = \Delta_3 + B + m$,取 $m = (0.10 \sim 0.15)D_2$,D_2 为轴承外径,B 为轴承宽度。一般要求轴承座孔的宽度 $L \geqslant \delta + C_1 + C_2 + (5 \sim 10)$。其中,$\delta$ 为箱座壁厚;C_1 和 C_2 可查表 1-4-2 得到;5~10(mm)为轴承座孔端面凸出箱体外表面的距离,以便进行轴承座孔端面的加工。求出轴承座孔两端面间的距离 L 后,即可画出箱体轴承座孔外端面线。然后再由表 1-4-5 算出凸缘式轴承端盖的凸缘厚度 e,并画出轴承端盖的轮廓线。

此时最好先画低速级的轴及轴承部件,定出该轴承座孔外端面后,其他轴承座孔的外端面则应布置在同一平面上,以利于加工。

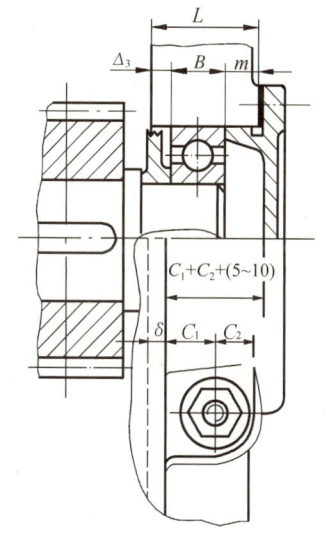

图 1-5-7 轴承座孔端面位置的确定

4. 检查装配草图

经过上述装配草图的设计,可得到如图 1-5-8 和图 1-5-9 所示的图样,最后对完成的装配草图进行全面检查。检查的主要内容如下:

(1)检查装配草图与传动方案简图是否一致。轴伸端的方位和结构尺寸是否符合设计要求,箱外零件是否符合传动方案的要求。

(2)传动件、轴、轴承及箱体等主要零件是否满足强度、刚度等要求,计算结果(如齿轮中心距、传动件与轴的尺寸、轴承型号与跨距等)是否与装配简图一致,它们的结构是否合理;定位、固定、调整、装拆、润滑和密封是否合理。

(3)箱体的结构和加工工艺性是否合理,附件的结构布置是否合理。

(4)视图的选择、表达方法是否合理,投影是否正确,是否符合机械制图国家标准等。

通过检查,对装配草图认真进行修改,使之完善到能作为装配图底图的程度。

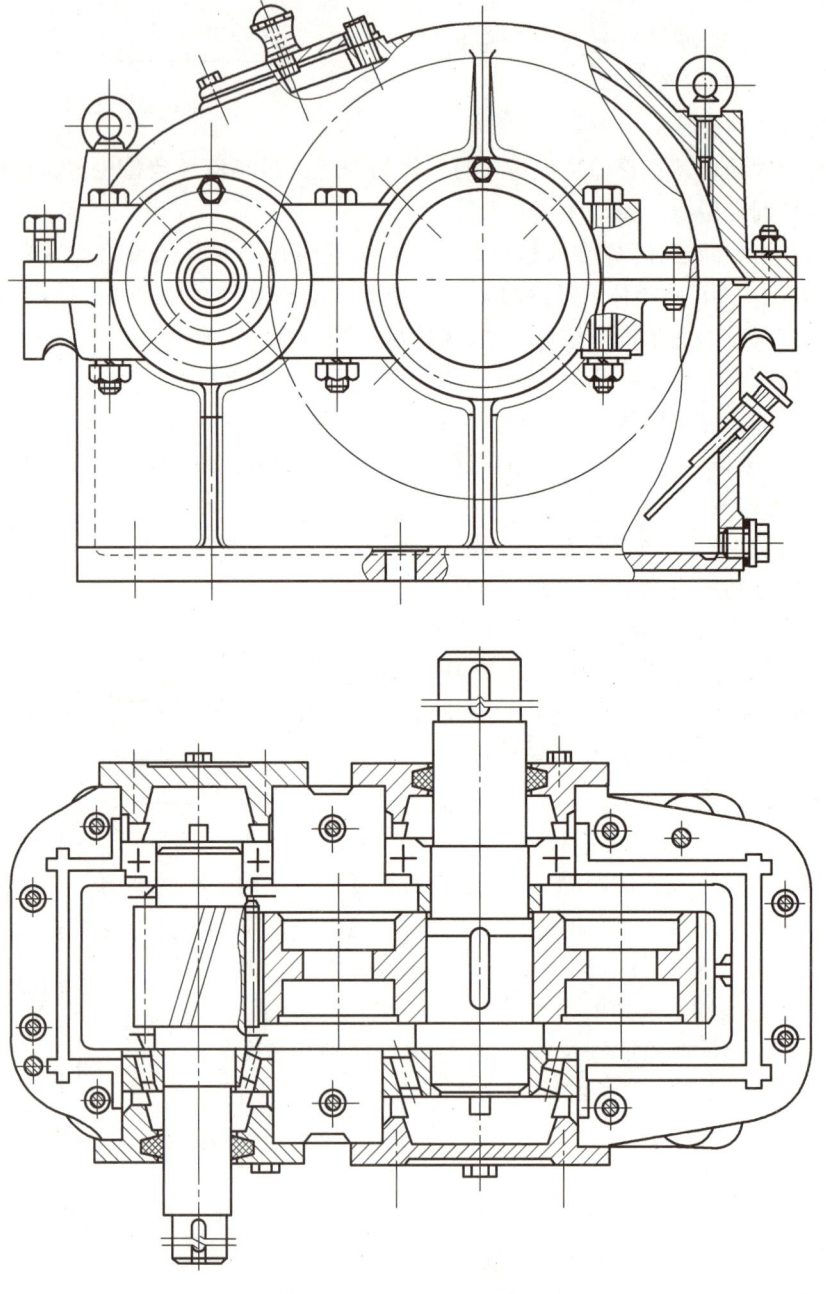

图 1-5-8 一级圆柱齿轮减速器装配草图(2)

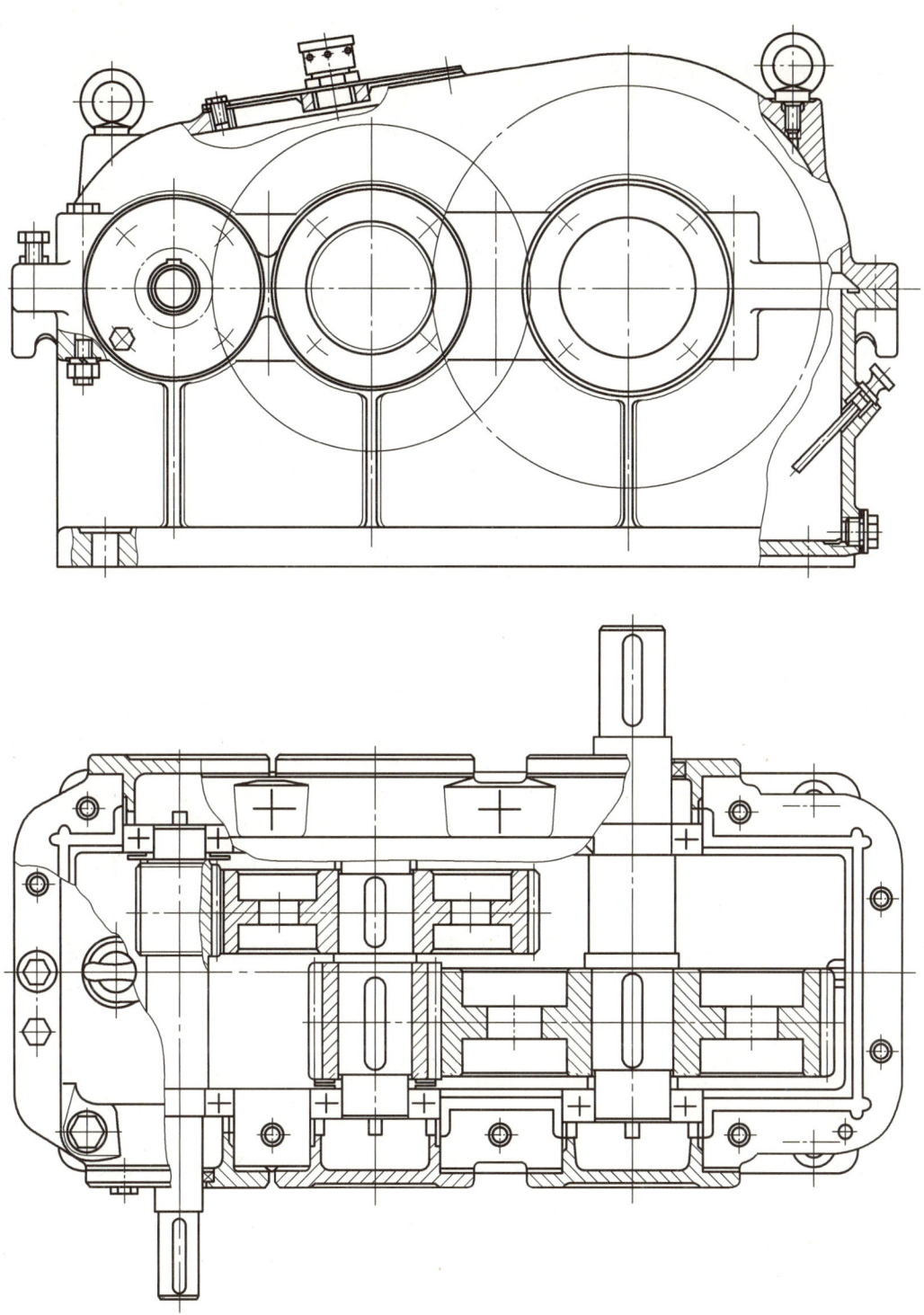

图 1-5-9 二级圆柱齿轮减速器装配草图(2)

三、完成减速器装配图

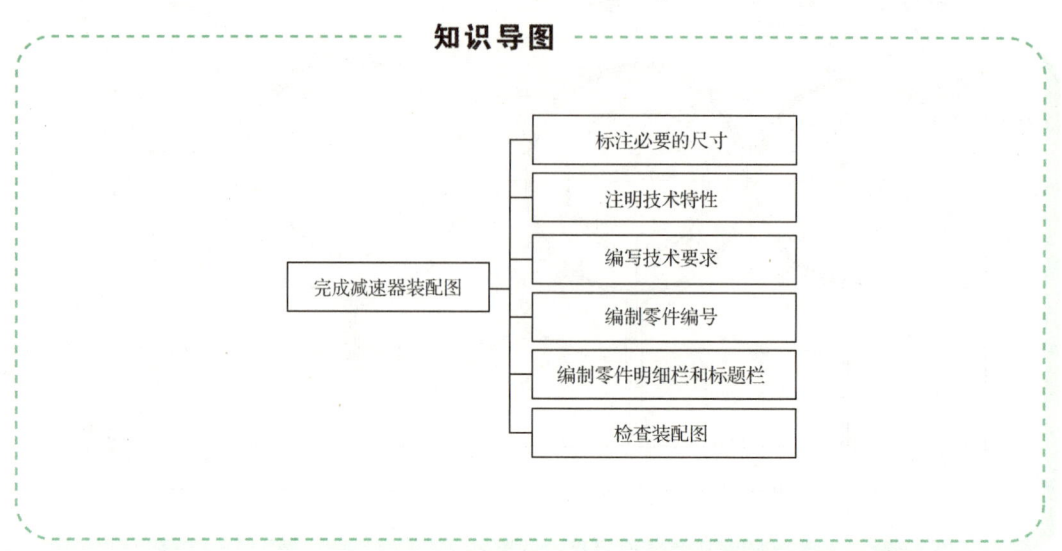

提供出可供生产装配用的、正式的、完整的装配图,是完成装配图的最后阶段。完整的装配图应包括表达减速器结构的各个视图、主要尺寸和配合、技术特性和技术要求、零件编号、零件明细栏和标题栏等。

绘制正式装配图时应注意以下几点:

(1)在完整、准确地表达减速器零部件结构形状、尺寸和各部分相互关系的前提下,视图数量应尽量少。装配图上避免用细虚线表达零件结构,必须表达的内部结构可采用局部剖视图或局部视图表达。

(2)在画剖视图时,同一零件在不同视图中的剖面线方向和间隔应一致,相邻零件的剖面线方向或间隔应取不同,剖面线的间距一般取 2~4 mm,装配图中的薄件(厚度≤2 mm)采用涂黑画法画出。

(3)装配图上某些结构可以采用机械制图标准中规定的简化画法,如滚动轴承、螺纹连接、键连接等。

(4)同一视图的多个配套零件,如螺栓、螺母等,允许只详细画出一个,其余用中心线表达。

(5)在绘制装配图时,视图底图画出后先不要描深,待尺寸、编号、明细栏等全部内容完成并详细检查后,再描深完成装配图。

本阶段还应完成的各项工作内容如下:

1. 标注必要的尺寸

装配图上应标注以下尺寸:

(1)外形尺寸:表明减速器大小的尺寸,供包装、运输和布置安装场所时参考。如减速器的总长、总宽和总高。

(2) 特性尺寸：表明减速器的性能和规格的尺寸。如传动件的中心距及其偏差。

(3) 安装尺寸：与减速器相连接的各有关尺寸。如减速器箱体底面长、宽、厚，地脚螺栓的孔径、间距及定位尺寸，伸出轴端的直径及配合长度，减速器中心高等。

(4) 配合尺寸：表明减速器内零件之间装配要求的尺寸，一般应标注出公称尺寸及配合代号。主要零件的配合处都应标出配合尺寸、配合性质和配合精度。如轴与传动件、轴与联轴器、轴与轴承、轴承与轴承座孔等配合处。配合性质与精度的选择对于减速器的工作性能、加工工艺及制造成本影响很大，应根据有关资料认真选定。表 1-5-3 列出了减速器主要零件间的推荐用配合，供设计时参考。

表 1-5-3　　　　　　　　　　减速器主要零件间的推荐用配合

配合零件	推荐用配合	装拆方法
大中型减速器的低速级齿轮与轴的配合，轮缘与轮芯的配合	$\dfrac{H7}{r6}、\dfrac{H7}{s6}$	用压力机或温差法（中等压力的配合，小过盈配合）
一般齿轮、蜗轮、带轮、联轴器与轴的配合	$\dfrac{H7}{r6}$	用压力机（中等压力的配合）
要求对中性良好及很少装拆的齿轮、蜗轮、联轴器与轴的配合	$\dfrac{H7}{n6}$	用压力机（较紧的过渡配合）
小锥齿轮及较常装拆的齿轮、联轴器与轴的配合	$\dfrac{H7}{m6}、\dfrac{H7}{k6}$	手锤打入（过渡配合）
滚动轴承内孔与轴的配合（内圈旋转）	j6（轻负荷）、k6、m6（中等负荷）	用压力机（实际为过盈配合）
滚动轴承外圈与箱体孔的配合（外圈不旋转）	H7、H6（精度要求高时）	木锤或徒手装拆
轴承套杯与箱体孔的配合	$\dfrac{H7}{h6}$	木锤或徒手装拆

2. 注明技术特性

应在装配图上适当的位置列表说明减速器的技术特性，所列项目及格式见表 1-5-4。

表 1-5-4　　　　　　　　　　减速器的技术特性

输入功率 P/kW	输入转速 $n/(\mathrm{r \cdot min^{-1}})$	效率 η	总传动比 i	传动特性							
^	^	^	^	第一级				第二级			
^	^	^	^	m_n	z_2/z_1	β	精度等级	m_n	z_2/z_1	β	精度等级

3. 编写技术要求

装配图技术要求是用文字说明在视图上无法表达的有关装配、调整、检验、润滑和维护等方面的内容。一般减速器的技术要求,通常包括以下几方面的内容:

(1)装配前所有零件均应清除铁屑,并用煤油或汽油清洗,箱体内不应有任何杂物存在,内壁应涂防腐涂料。

(2)注明传动件及轴承所用润滑剂的牌号、用量、补充和更换的时间。

(3)箱体剖分面及轴外伸段的密封处均不允许漏油,箱体剖分面上不允许使用任何垫片,但允许涂刷密封胶或水玻璃。

(4)写明对传动侧隙和接触斑点的要求,将其作为装配时检查的依据。对于多级传动,当各级传动的侧隙和接触斑点要求不同时,应分别在技术要求中注明。

(5)写明对安装调整的要求:对可调间隙的轴承(如圆锥滚子轴承),应在技术条件中标出轴承间隙数值。若采用不可调间隙的轴承(如深沟球轴承),则要注明轴承端盖与轴承外圈端面之间应保留的轴向间隙(一般为 0.25~0.40 mm)。

(6)必要时可对减速器试验、外观、包装、运输等提出要求。

减速器装配图上写出的技术要求条目和内容,可参见后文图 1-5-15 和图 1-5-16。

4. 编制零件编号

在装配图上应对所有零件进行编号,不能遗漏,也不能重复。相同的零件只能有一个零件编号。独立组件(如滚动轴承,通气器等)可作为一个零件编号。指引线不要彼此相交,要尽量不与剖面线平行。对装配关系清楚的零件组(螺栓、螺母及垫圈)可利用公共指引线,如图 1-5-10 所示,编号按顺时针或逆时针方向顺次排列,编号的数字高度应比图中所注尺寸数字的高度大一号。

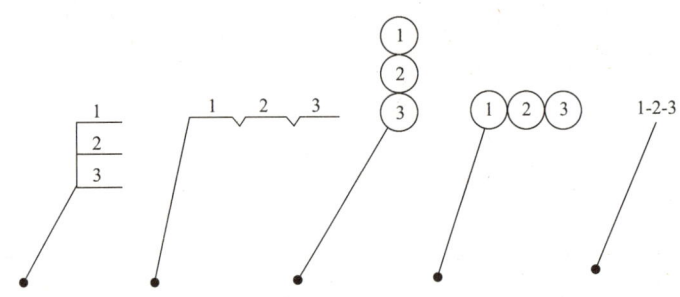

图 1-5-10 公共指引线

5. 编制零件明细栏和标题栏

减速器的所有零件均应列入明细栏中,并应注明每个零件的材料和数量。对于标准件,则应注明名称、件数、材料、规格及标准代号。

明细栏画在标题栏上方,外框为粗实线,内格为细实线,由下而上排列。若地方不够,也可在标题栏的左方再画一排。

明细栏和标题栏可采用国家标准规定的格式,也可采用下列课程设计推荐的格式,如

图 1-5-11 和图 1-5-12 所示。

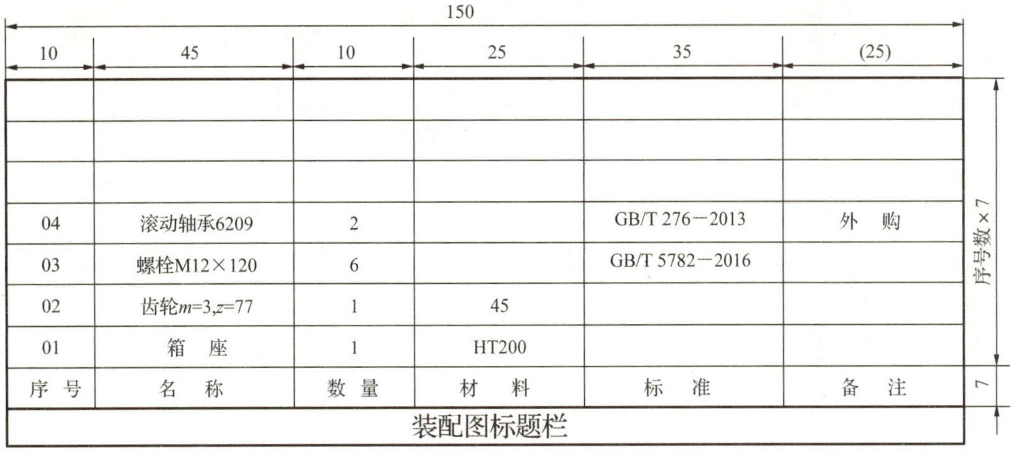

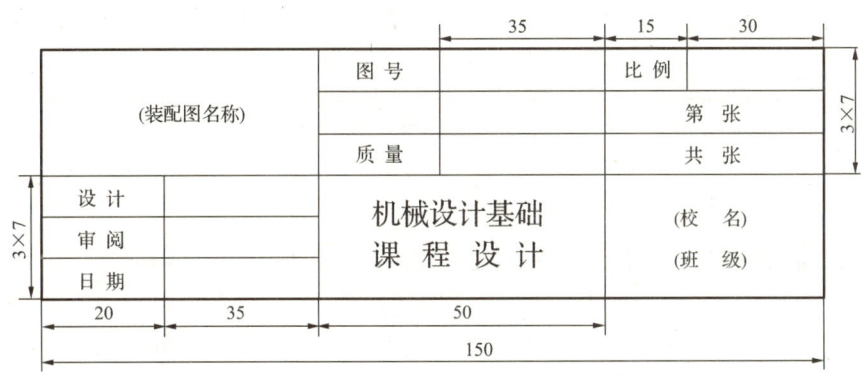

图 1-5-11　明细栏

图 1-5-12　标题栏

6. 检查装配图

装配图完成后,应再仔细检查一次。检查的主要内容如下:

(1)视图的数量是否足够,是否能清楚地表达减速器的结构和装配关系。

(2)尺寸标注是否正确,各处配合与精度的选择是否适当。

(3)零件编号是否齐全,标题栏和明细栏是否符合要求,有无多余或遗漏。

(4)技术要求和技术特性表是否完善、正确。

(5)图样及数字、文字是否符合机械制图国家标准的要求。

完成以上工作后,即可得到完整的装配图。

减速器装配图常见错误示例如图 1-5-13 所示。

①轴承采用油润滑,但油不能流入导油沟内。

②观察孔太小,不便于检查传动件的啮合情况,并且没有垫片密封。

③两端吊钩的尺寸不同,并且左端吊钩尺寸太小。

④油标尺座孔不够倾斜,无法进行加工和装拆。

66 机械设计基础实训指导

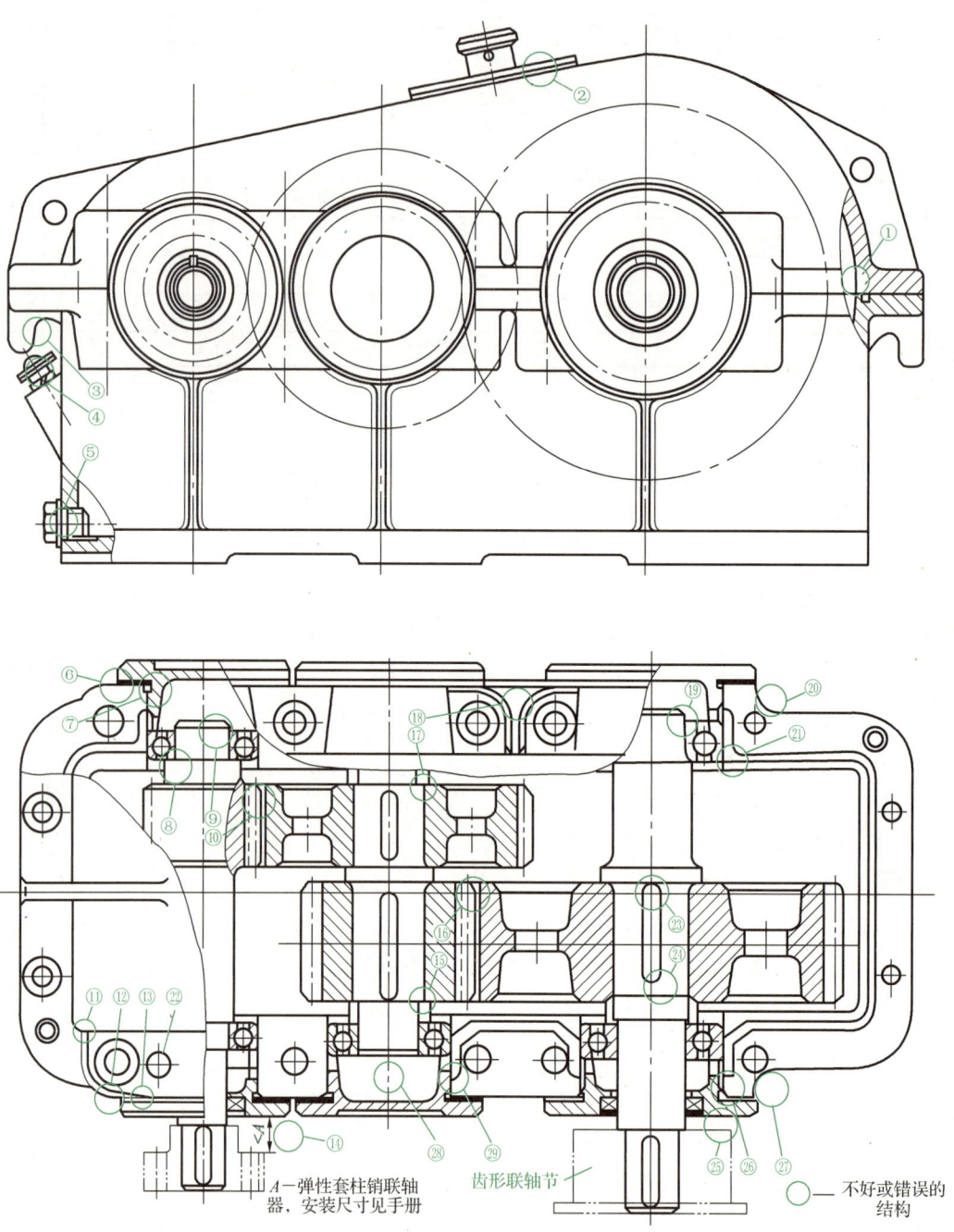

图 1-5-13　减速器装配图常见错误示例

⑤放油孔端处的箱体没有凸起,油塞与箱体之间也没有封油垫圈,并且螺纹孔长度太短,很容易漏油。

⑥、⑫箱体两侧的轴承孔端面没有凸起的加工面。

⑦垫片孔径太小,端盖不能装入。

⑧轴肩过高,不能通过轴承的内圈来拆卸轴承。

⑨、⑲轴段太长,有弊无益。

⑩、⑯大、小齿轮同宽,很难调整两齿轮在全齿宽上啮合,并且大齿轮没有倒角。

⑪、⑬投影交线不对。

⑭间距太短,不便拆卸弹性柱销。

⑮、⑰轴与齿轮轮毂的配合段同长,轴套不能固定齿轮。

⑱箱体两凸台相距太近,铸造工艺性不好,造型时出现尖砂。

⑳、㉗箱体凸缘太窄,无法加工凸台的沉头座,连接螺栓头部也不能全坐在凸台上。相对应的主视图投影也不对。

㉑导油沟的油容易直接流回箱座内,而不能润滑轴承。

㉒没有此孔,此处缺少凸台与轴承座的相贯线。

㉓键的位置紧贴轴肩,加大了轴肩处的应力集中。

㉔齿轮轮毂上的键槽,在装配时不易对准轴上的键。

㉕齿轮联轴器与箱体轴承端盖相距太近,不便于拆卸端盖螺钉。

㉖轴承端盖与箱座孔的配合面太短。

㉘所有轴承端盖上应当开缺口,使润滑油在较低油面就能进入轴承以加强润滑。

㉙轴承端盖开缺口部分的直径应当缩小,也应与其他轴承端盖一致。

㉚未圈出。图中有若干圆缺中心线,图中未画剖面线。

7. 减速器装配图示例

圆柱齿轮减速器装配图如图 1-5-14 和图 1-5-15 所示,供学生设计时参考。各类装配图具有各自的特点,设计时不能找一张装配图照抄,要具体分析,创造性地进行设计。

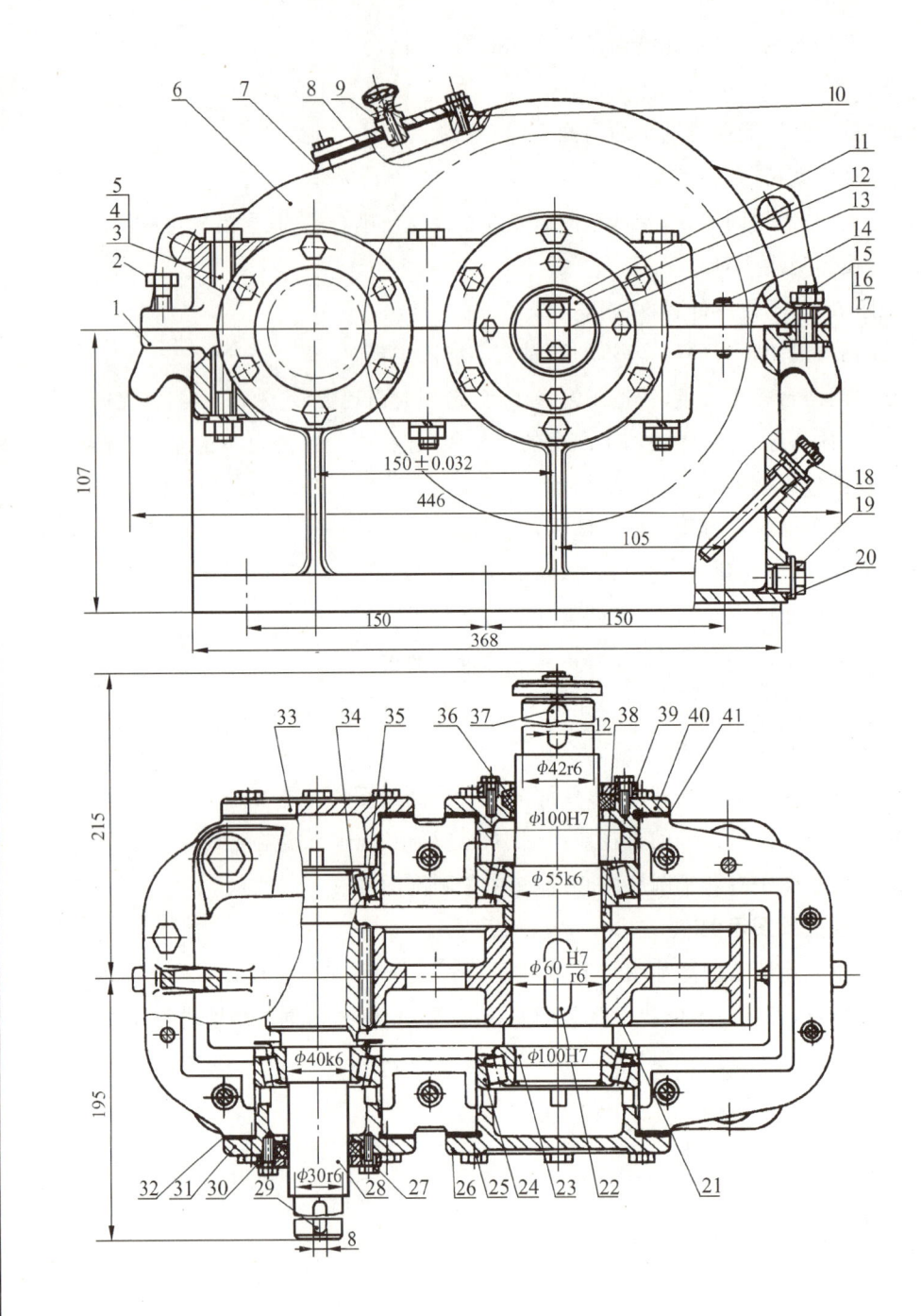

图 1-5-14　一级直齿圆柱

任务五 减速器装配图设计

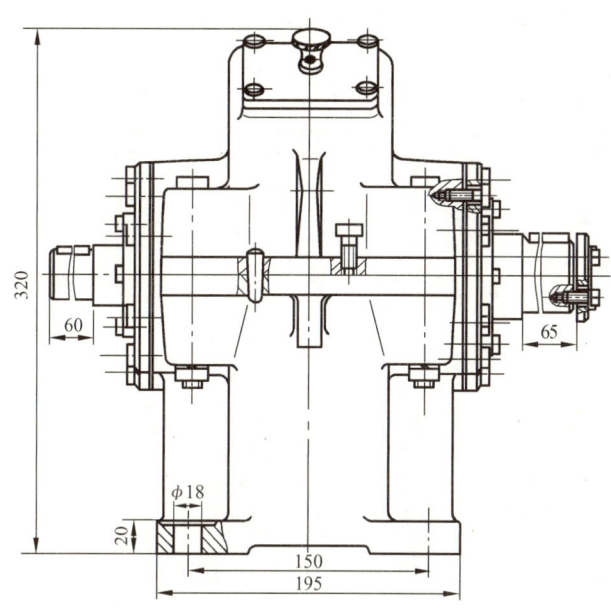

技术要求

1. 装配前,全部零件用煤油清洗,箱体内不许有杂物存在。在内壁涂两次不被机油侵蚀的涂料。
2. 用铅丝检验啮合侧隙,应不小于 0.16 mm,铅丝不得大于最小侧隙的 4 倍。
3. 用涂色法检验斑点,齿高接触斑点不小于 40%,齿长接触斑点不小于 50%,必要时可通过研磨或刮后研磨改善接触情况。
4. 调整轴承轴向间隙:高速轴为 0.05~0.10 mm;低速轴为 0.08~0.15 mm。
5. 装配时,剖分面不允许使用任何填料,可涂密封胶或水玻璃。试转时应检查剖分面、各接触面及密封处,均不准漏油。
6. 箱座内装 L-AN32 全损耗系统用油至规定高度。
7. 表面涂灰色油漆。

减速器参数

| 功率 | 2.85 kW | 高速轴转速 | 411.6 r/min | 传动比 | 3.5 |

41	调整垫片	2	08F		19	六角螺塞 M18×11×1.5	1	45	JB/ZQ 4450—2006
40	轴承端盖	1	HT200		18	油标尺	1	Q235A	
39	密封盖板	1	Q235A		17	垫圈 10	2	65Mn	GB/T 93—1987
38	套筒	1	Q235A		16	螺母 M10	2	8 级	GB/T 6170—2015
37	键 12×8×56	1	45	GB/T 1096—2003	15	螺栓 M10×35	4	8.8 级	GB/T 5782—2016
36	J 型油封 50×72×12	1	耐油橡胶	HG4—338—66	14	销 8×30	2	35	GB/T 117—2000
35	挡油环	2	Q215A		13	防松垫片	1	Q215A	
34	轴承 30308E	2	组合件	GB/T 297—2015	12	轴端挡圈	1	Q235A	GB/T 892—1986
33	轴承端盖	1	HT200		11	螺栓 M6×25	2	8.8 级	GB/T 5782—2016
32	调整垫片	2	08F		10	螺栓 M6×20	4	8.8 级	GB/T 5782—2016
31	轴承端盖	1	HT200		9	通气器	1	Q235A	
30	密封盖板	1	Q235A		8	观察孔盖	1	Q215A	
29	键 8×7×50	1	45	GB/T 1096—2003	7	垫片	1	石棉橡胶纸	
28	齿轮轴	1	45		6	箱盖	1	HT200	
27	J 型油封 35×60×12	1	耐油橡胶	HG4—338—66	5	垫圈 12	6	65Mn	GB/T 93—1987
26	轴承端盖	1	HT200		4	螺母 M12	6	8 级	GB/T 6170—2015
25	螺栓 M8×25	24	8.8 级	GB/T 5782—2016	3	螺栓 M12×100	6	8.8 级	GB/T 5782—2016
24	轴承 30311E	2	组合件	GB/T 297—2015	2	起盖螺钉 M10×30	1	8.8 级	GB/T 5782—2016
23	轴	1	45		1	箱座	1	HT200	
22	键 18×11×50	1	45	GB/T 1096—2003	序号	名 称	数量	材料	备 注
21	大齿轮	1	45						
20	垫圈	1	石棉橡胶板			(标题栏)			
序号	名 称	数量	材料	备 注					

齿轮减速器装配图

70 机械设计基础实训指导

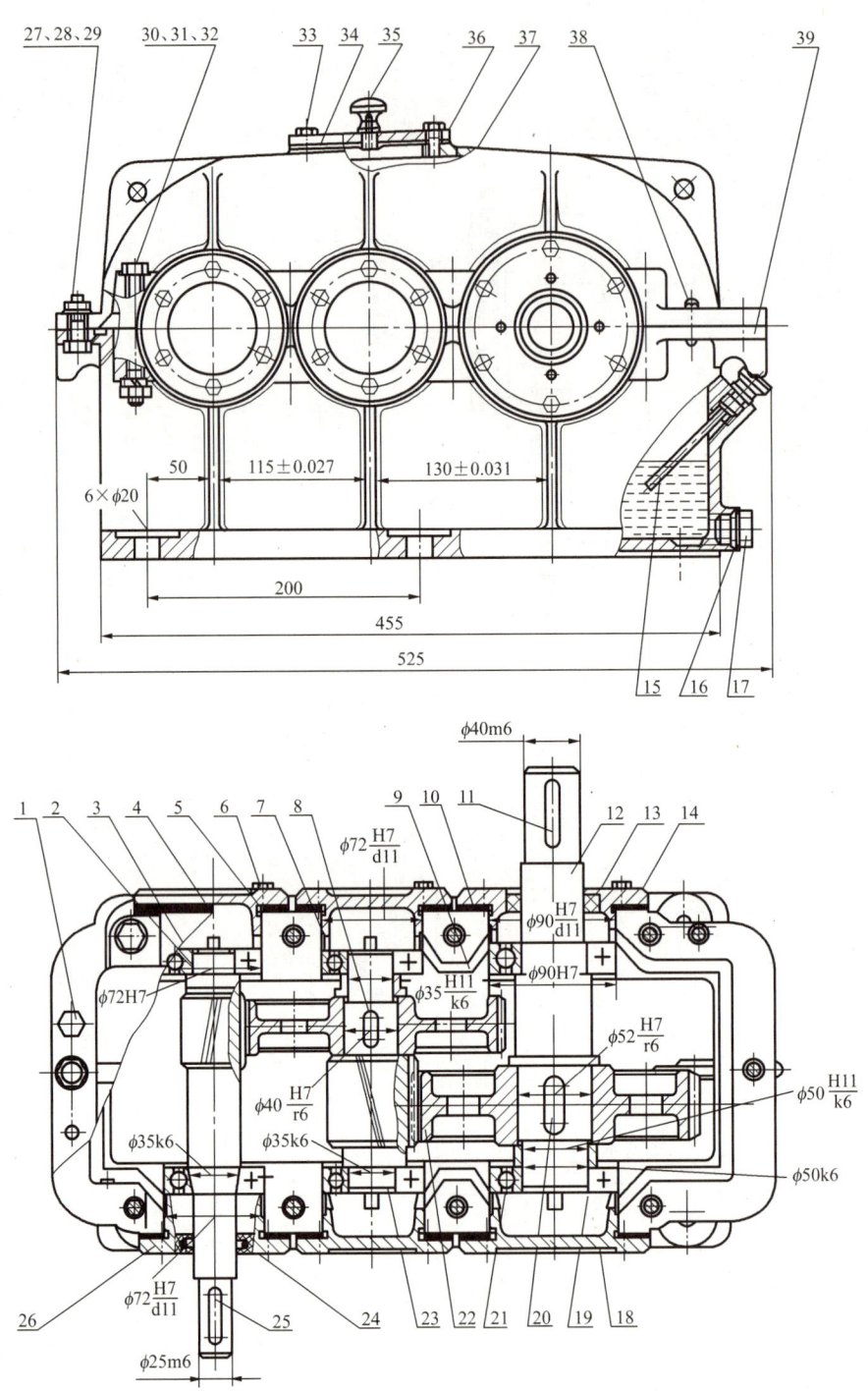

图 1-5-15　二级斜齿圆柱

任务五 减速器装配图设计

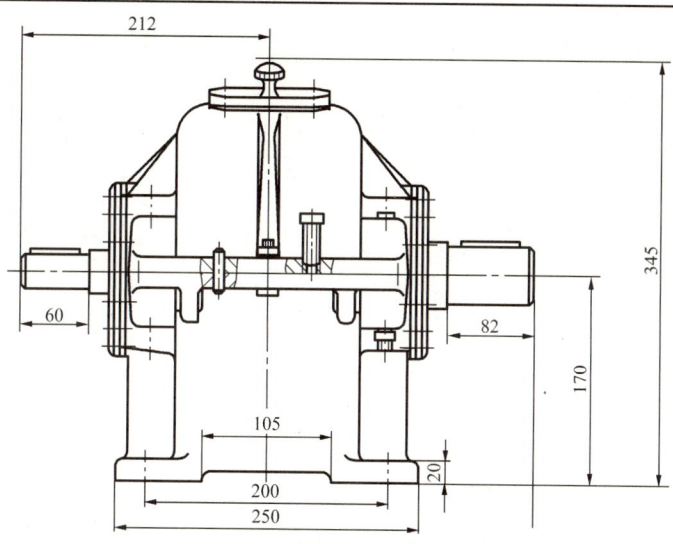

技术特性

输入功率/kW	输入轴转速/(r·min⁻¹)	效率 η	总传动比 i	传动特性 第一级 m_n	β	齿数	精度等级	第二级 m_n	β	齿数	精度等级
1.856	1 430	0.93	16.68	2	10°42′05″	z_1 23 z_2 90	8GH 8HJ	2.5	15°55′33″	z_1 19 z_2 81	8GH 8HJ

注：精度等级参见 GB/T 10095.1—2008。

技术要求

1. 装配前，箱体与其他铸件不加工面应清理干净，除去毛边毛刺，并浸涂防锈漆。
2. 零件在装配前用煤油清洗干净，轴承用汽油清洗干净，晾干后配合表面应涂油。
3. 减速器剖分面、各接触面及密封处均不允许漏油、渗油，箱体剖分面允许涂以密封胶或水玻璃，不允许使用其他任何填料。
4. 齿轮装配后应用涂色法检查接触斑点，圆柱齿轮沿齿高不小于30%，沿齿长不小于50%；齿侧间隙：第一级 $j_{min}=0.14$ mm，第二级 $j_{min}=0.16$ mm。
5. 调整、固定轴承时应留有轴向游隙 0.2～0.5 mm。
6. 减速器内装 220 工业齿轮油，油量达到规定的深度。
7. 箱体内壁涂耐油油漆，减速器外表面涂灰色油漆。
8. 按试验规程进行试验。

齿轮减速器装配图

知识总结

1. 绘制减速器装配草图时应从一个或两个最能反映零部件外形尺寸和相互位置的视图开始，齿轮减速器常选择俯视图作为画图的开始。当这些视图画得差不多时，辅以其他视图。传动件、轴和轴承是减速器的主要零件，其他零件的结构和尺寸随着这些零件而定。绘制装配草图时应先画主要零件，再绘制次要零件；先确定零件中心线和轮廓线，再设计其结构细节；先绘制箱内零件，再逐步扩展到箱外零件；先绘制俯视图，再兼顾其他几个视图。

2. 完整的装配图应包括表达减速器结构的各个视图、主要尺寸和配合、技术特性和技术要求、零件编号、零件明细栏和标题栏等。装配图上避免用细虚线表达零件结构，必须表达的内部结构或某些附件的结构可采用局部视图或局部剖视图。

能力检测

1. 装配图的作用是什么？装配图应包括哪些内容？在绘制的装配图上选择了几个视图、几个剖视图？

2. 装配图上应标注哪几类尺寸？举例说明。

3. 为什么要进行草图设计？草图设计包括哪些主要内容？

4. 试述装配图上减速器性能参数、技术条件的主要内容和含义。

5. 在你设计的减速器中，滚动轴承内圈与轴、滚动轴承外圈与座孔采用的是什么配合？如何标注？

6. 为什么减速器箱座壁厚 $\delta > 8$ mm？为什么轴承座孔的宽度 $L = C_1 + C_2 + (5 \sim 10)$？

7. 在进行轴系零部件设计中如何使轴不产生轴向窜动，又不因发热而卡死轴承？

8. 你设计的轴系零部件中轴承如何装拆？在轴肩和套杯设计中如何考虑轴承的装配工艺要求？

9. 试述低速轴上零件的装拆顺序。

任务六
减速器零件图设计

✓ 知识目标

- 掌握零件图的设计要点。
- 掌握轴类零件图的设计方法。
- 掌握齿轮类零件图的设计方法。
- 掌握箱体类零件图的设计方法。

✓ 能力目标

- 正确选择和合理布置视图。
- 合理标注尺寸及尺寸公差。
- 标注公差及表面粗糙度。
- 编写技术要求。
- 编制零件图的标题栏。

一、零件图的设计要点

知识导图

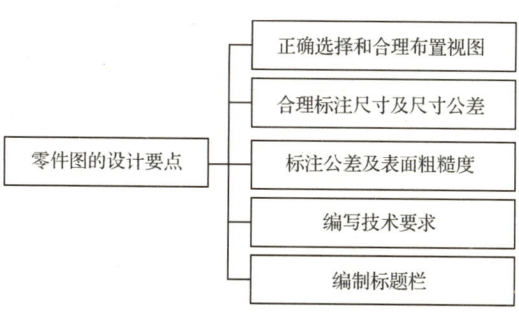

1. 正确选择和合理布置视图

每个零件图应清楚地表达零件的内、外部结构形状，其基本结构和主要尺寸应与装配图一致。制图比例优先采用1∶1。

2. 合理标注尺寸及尺寸公差

尺寸标注一定要选好基准面，重要尺寸直接标出，尺寸标注要清晰、不封闭、不重复。有配合要求的尺寸应标注极限偏差。

3. 标注表面粗糙度及几何公差

所有表面都应注明表面粗糙度，可以对重要表面单独标注，对具有相同表面粗糙度的较多表面统一标注。

几何公差是评定零件质量的重要指标之一，应正确选择其等级及具体数值。

对齿轮等传动件，应列出啮合参数表，标注出主要几何参数、精度等级并列出误差检查项目表。

4. 编写技术要求

(1) 对材料的机械性能和化学成分的要求。

(2) 对铸锻件及其他毛坯件的要求，如时效处理、去毛刺等要求。

(3) 对零件的热处理方法及热处理后硬度的要求。

(4) 对加工的要求，如配钻、配铰等。

(5) 对未注圆角、倒角的要求。

(6) 其他特殊要求，如对大型或高速齿轮的平衡试验要求等。

5. 画出标题栏

标题栏应按国家标准格式设置在图纸的右下角，也可按如图1-6-1所示格式绘制，主要内容有零件名称、图号、材料和比例等。

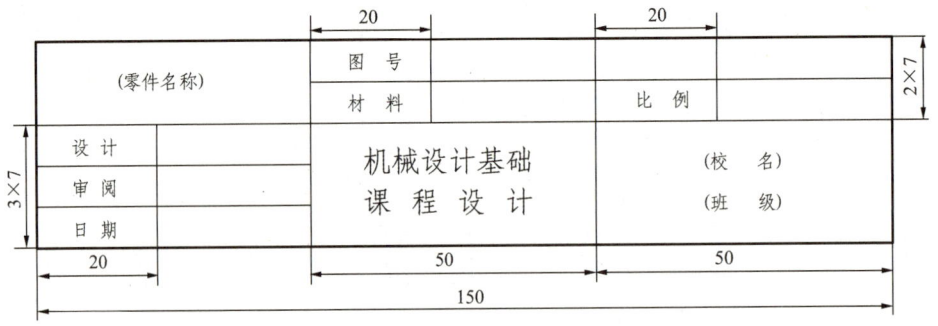

图 1-6-1 标题栏

二、设计轴类零件图

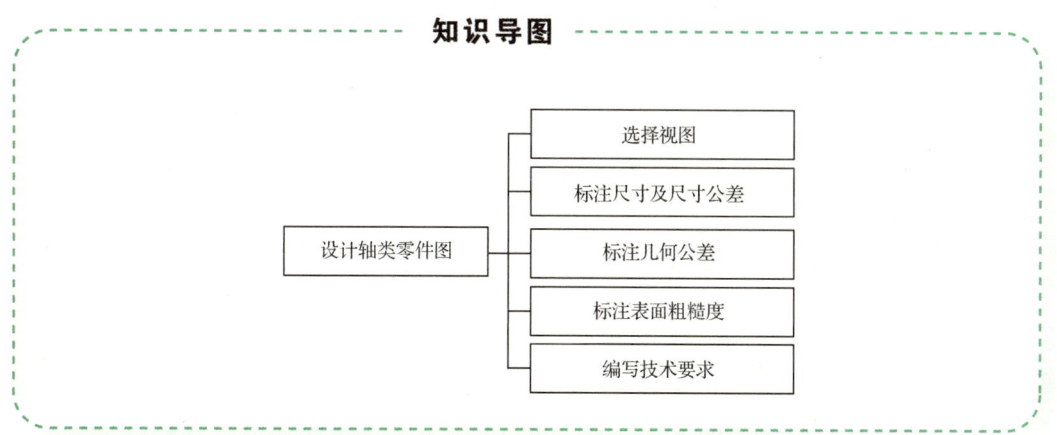

1. 选择视图

按车床加工位置,轴线水平布置主视图,在有键槽和孔的地方可增加必要的断面图或剖视图。对于螺纹退刀槽、砂轮越程槽等细小结构,必要时应绘制局部放大图。

2. 标注尺寸及尺寸公差

标注径向尺寸,对配合处的直径尺寸都应标出尺寸极限偏差。

标注轴向尺寸,选好基准面,通常有轴孔配合端面基准面及轴端基准面。应使尺寸标注既反映加工工艺的要求,又满足装配尺寸链的精度要求,不允许出现封闭尺寸链。如图 1-6-2 所示的轴,其主要基准面选择轴肩Ⅰ—Ⅰ处,它是轴上大齿轮的轴向定位面,同时也影响其他零件在轴上的装配位置。只要正确地定出轴肩Ⅰ—Ⅰ的位置,各零件在轴上的位置就能得到保证。

所有尺寸应逐一标注,不可因尺寸相同而省略。对所有倒角、圆角、退刀槽等,都应标注或在技术要求中说明。

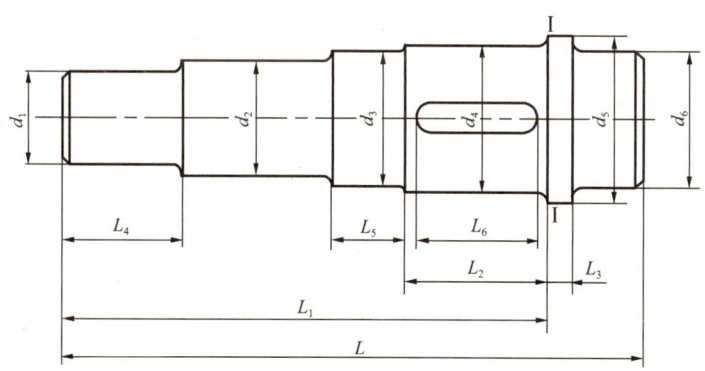

图 1-6-2 轴的尺寸标注

3. 标注几何公差

普通减速器轴类零件的几何公差可参考表 1-6-1 选取。

表 1-6-1　　普通减速器轴类零件的几何公差选择

加工表面	几何公差	公差等级
与普通精度等级滚动轴承配合的两个支承圆柱表面轴线之间的位置精度	同轴度	6 级或 7 级
与普通精度等级滚动轴承配合的圆柱表面	圆柱度	6 级
定位端面（轴肩）	垂直度	6 级或 7 级
与齿（蜗）轮等传动件毂孔的配合表面	径向跳动	6 级或 7 级
平键键槽宽度对轴心线的位置精度	对称度	7～9 级

4. 标注表面粗糙度

与轴承相配合表面及轴肩表面粗糙度按表 1-6-2 选取。轴的所有表面都要加工，其表面粗糙度按表 1-6-3 选取。

表 1-6-2　　与轴承相配合表面及轴肩表面粗糙度推荐用值

轴或轴承座孔直径/mm		轴或外壳孔配合表面直径公差等级							
		IT7			IT6			IT5	
		表面粗糙度值/μm							
超过	到	Rz	Ra		Rz	Ra		Rz	Ra
			磨	车		磨	车		磨	车
	80	10	1.6	3.2	6.3	0.8	1.6	4	0.4	0.8
80	500	16	1.6	3.2	10	1.6	3.2	6.3	0.8	1.6
端　面		25	3.2	6.3	25	3.2	6.3	10	1.6	3.2

注：与 /P0、/P6(/P6x) 级公差轴承配合的轴，其公差等级一般为 IT6，外壳孔一般为 IT7。

表 1-6-3　　轴类零件的表面粗糙度 Ra 推荐用值

加 工 表 面	表面粗糙度 Ra 值/μm			
与传动件及联轴器等轮毂相配合的表面	(3.2,1.6)～(0.8,0.4)			
与 G、E 级滚动轴承相配合的表面	见表 1-6-2			
与传动件及联轴器相配合的轴肩端面	(6.3,3.2)～(3.2,1.6)			
与滚动轴承相配合的轴肩端面	见表 1-6-2			
平键键槽	工作表面(6.3,3.2)～(3.2,1.6)；非工作表面 12.5,6.3			
密封处的表面	毡圈油封	橡胶油封		间隙及迷宫
	与轴接触处的圆周速度/(m·s^{-1})			
	≤3	>3～5	>5～10	(6.3,3.2)～(3.2,1.6)
	(3.2,1.6)～(1.6,0.8)	(1.6,0.8)～(0.8,0.4)	(0.8,0.4)～(0.4,0.2)	

5. 编写技术要求

轴类零件的主要技术要求如下：

(1)对材料的机械性能和化学成分的要求以及允许代用的材料等。

(2)热处理方法和要求，如热处理后的硬度范围、渗碳要求及淬火硬化层深度等。

(3)对图中未注明的圆角、倒角的说明及个别的修饰加工要求等。

(4)对其他加工的要求，如是否要保留中心孔（留中心孔时应在图中画出或按国家标准加以说明），若与其他零件一起配合加工（如配铰和配钻等）也应说明。

齿轮轴零件图如图1-6-3所示，轴零件图如图1-6-4所示。

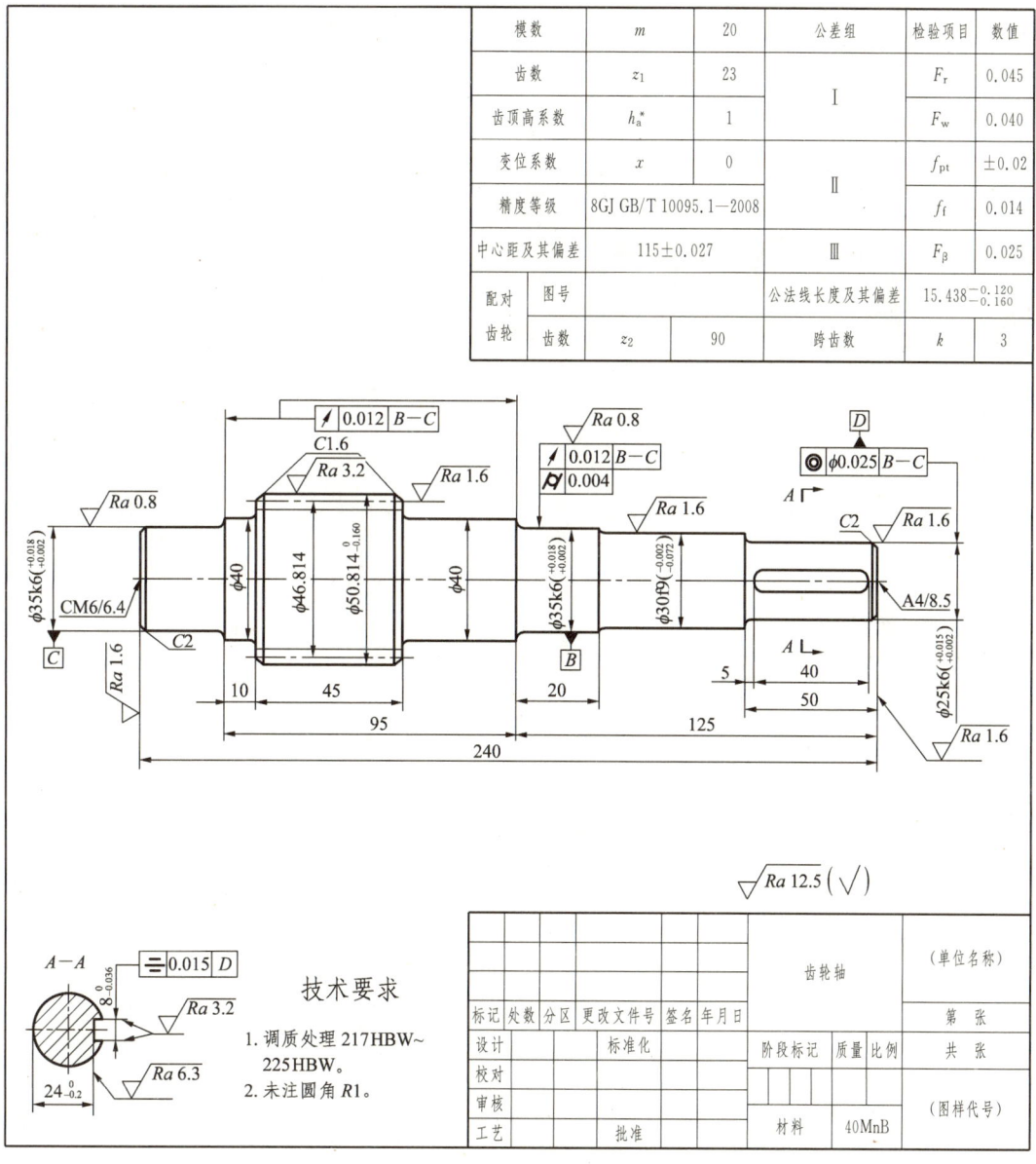

图 1-6-3 齿轮轴零件图

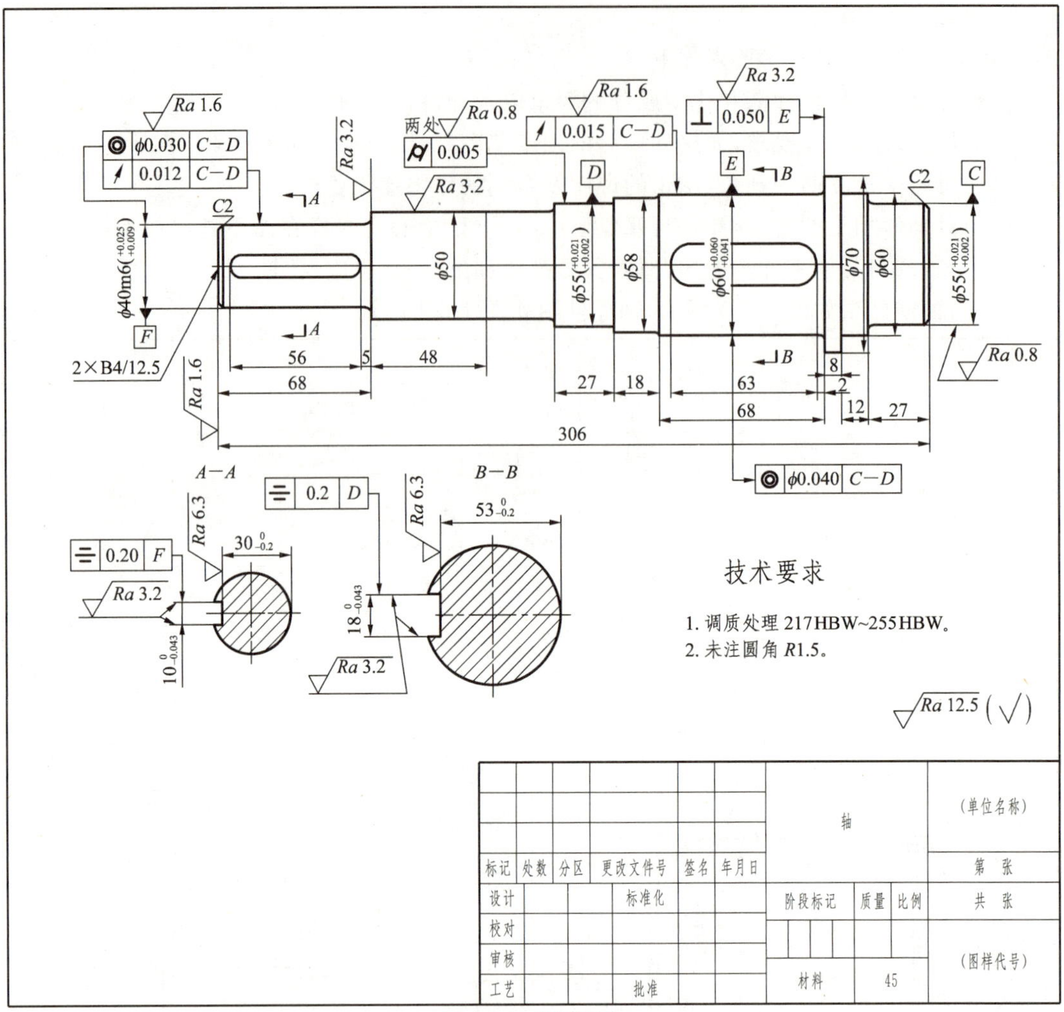

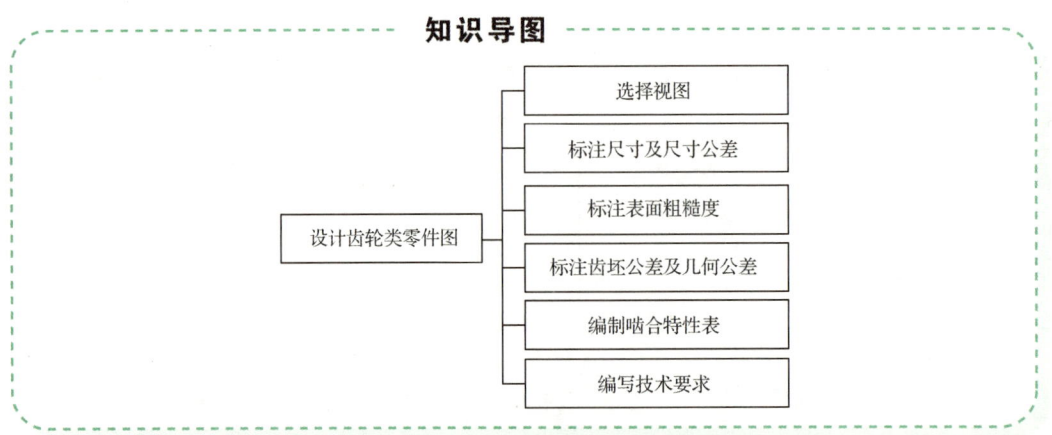

图 1-6-4　轴零件图

三、设计齿轮类零件图

知识导图

设计齿轮类零件图
- 选择视图
- 标注尺寸及尺寸公差
- 标注表面粗糙度
- 标注齿坯公差及几何公差
- 编制啮合特性表
- 编写技术要求

齿轮类零件的工作图样除了零件图形和技术要求外,还应有啮合特性表。

1. 选择视图

可按轮坯车床加工位置,轴线水平布置主视图,辅以左视图反映轮廓、辐板、肋孔、键槽等结构形状。对组合式结构,可先画出组件图后,再分别绘制齿圈、轮芯零件图。

2. 标注尺寸及尺寸公差

各径向尺寸以轴线为基准标出,轴向宽度尺寸以主要端面为基准标出。

轴孔及齿顶圆是加工、装配的重要基准,尺寸精度要求较高,应标出尺寸极限偏差。其轴孔极限偏差由精度等级及配合性质决定,齿顶圆极限偏差按其是否作为测量基准而定,齿根圆直径在图样上不标注。

3. 标注表面粗糙度

齿轮类零件的表面粗糙度 Ra 值可参考表 1-6-4 选取。

表 1-6-4　　齿轮类零件的表面粗糙度 Ra 推荐值

加工表面		表面粗糙度 Ra 值/μm		
	零件名称	精度等级		
		7	8	9
轮齿工作表面	圆柱齿轮	0.8	1.6	3.2
	锥齿轮	0.8	1.6	3.2
齿顶圆		1.6(加工表面)	3.2	3.2
轮毂孔		0.8	1.6	3.2
定位端面		1.6	3.2	3.2
平键键槽		工作表面 3.2 或 6.3,非工作表面 6.3 或 12.5		
齿圈与轮芯的配合表面		0.8	3.2	1.6
自由端面、倒角表面		12.5 或 6.3		

4. 标注齿坯公差及几何公差

齿轮的齿坯公差对传动精度影响较大,应根据齿轮的精度等级,查表 1-6-5 进行标注。齿轮的几何公差推荐项目见表 1-6-6。

表 1-6-5　　齿轮的齿坯公差

齿轮的精度等级*		7	8	9	10
基准孔径	尺寸公差 形状公差	IT7		IT8	
基准轴径	尺寸公差 形状公差	IT6		IT7	
齿顶圆直径**		IT8		IT9	

* 当三个公差组的精度等级不同时,按最高的精度等级确定公差值。

** 当齿顶圆不做测量齿厚的基准时,尺寸公差按 IT11 给定,但不大于 $0.1m_n$(m_n 为法面模数)。

表 1-6-6　　齿轮的几何公差推荐项目

类别	标注项目	精度等级	作用
形状公差	轴孔的圆柱度	6~8	影响轴孔配合的松紧及对中性
跳动公差 方向公差	齿顶圆对轴线的圆跳动 齿轮基准端面对轴线的垂直度	按齿轮精度等级及尺寸确定	在齿形加工后引起运动误差,齿向误差影响传动精度及载荷分布的均匀性
位置公差	轮毂键槽对孔轴线的对称度	7~9	—

5. 编制啮合特性表

齿轮的啮合特性表一般应布置在图幅的右上角。啮合特性表的内容包括齿轮的主要参数、精度等级和相应的误差检测项目等，请参阅有关图例及相关齿轮精度的国家标准。

6. 编写技术要求

齿轮类零件的主要技术要求如下：

(1)对铸件、锻件或其他类型毛坯的要求。

(2)对材料的化学成分和机械性能的要求以及允许代用的材料。

(3)对零件表面机械性能的要求，如热处理方法、热处理后的硬度、渗碳深度及淬火硬化层深度等。

(4)对未注明倒角、圆角半径的说明等。

如图 1-6-5 所示为直齿圆柱齿轮零件图。

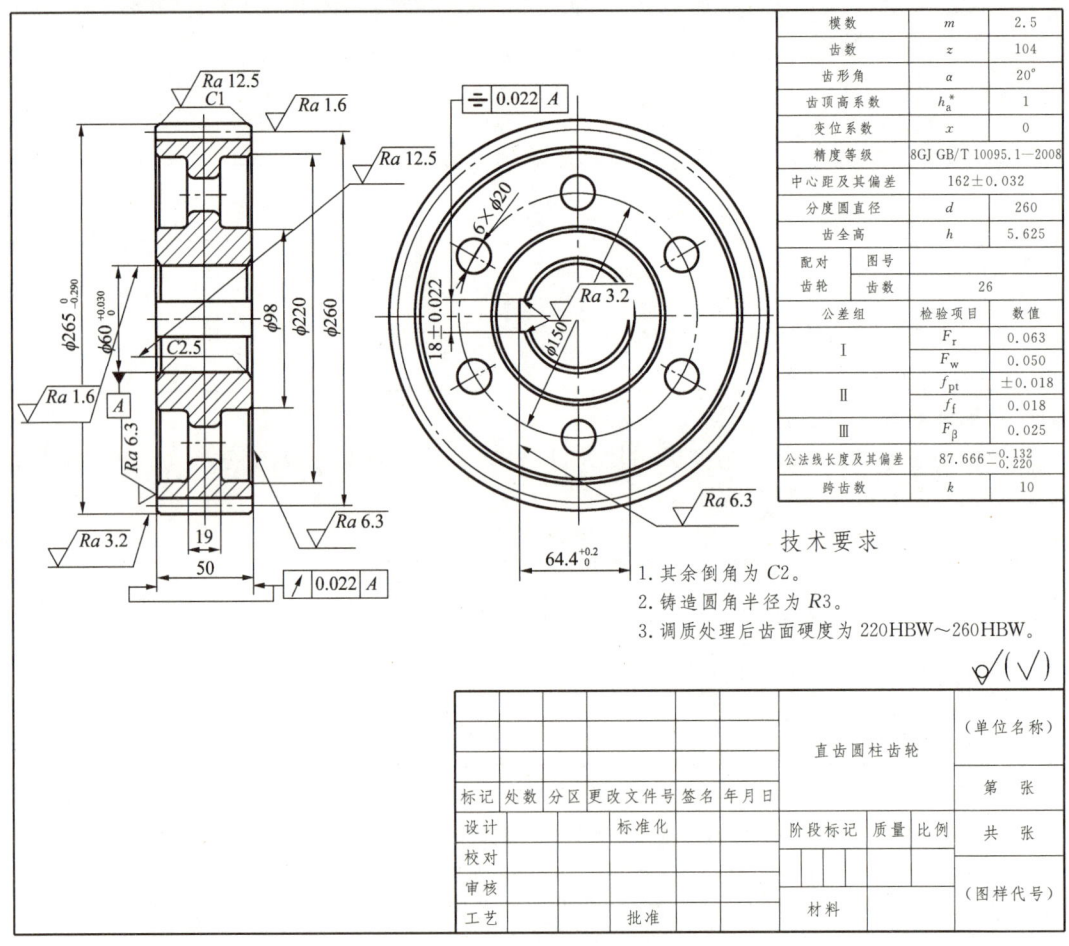

图 1-6-5　直齿圆柱齿轮零件图

四、设计箱体类零件图

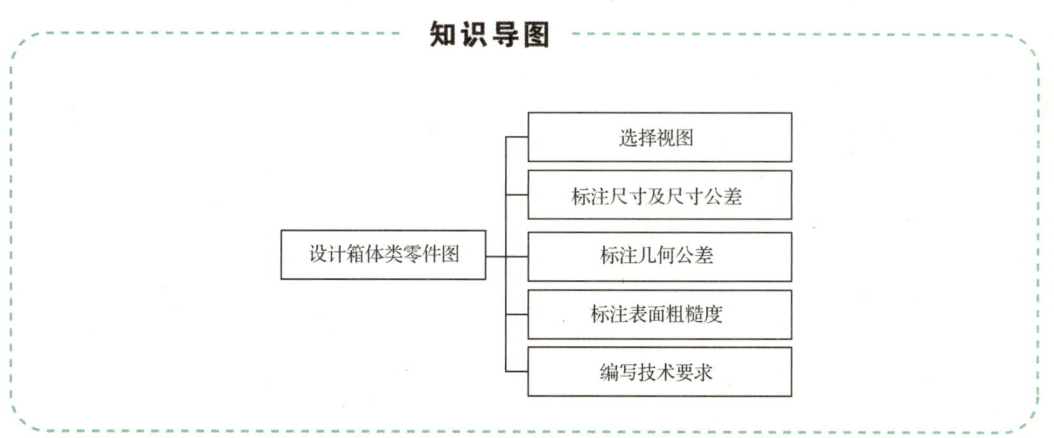

1. 选择视图

箱体(箱盖和箱座)类零件的结构比较复杂,一般需要三个视图表达。可按箱体工作位置布置主视图,辅以左视图、俯视图及若干局部视图等表达箱体的内外结构。螺纹孔、放油孔、油标尺孔、销钉孔、槽等可用局部剖视图、断面图、局部视图表达。

2. 标注尺寸及尺寸公差

箱体的形状尺寸即箱体各部位形状的尺寸,如壁厚,箱体的长、宽、高,孔径及其深度,圆角半径,槽的深度,螺纹尺寸,加强肋的厚度和高度等。这类尺寸应直接按照机械制图中规定的标注方法标注完整。

箱体的定位尺寸是确定箱体各部位相对于基准的位置尺寸,如各部位曲线的中心、孔的中心线位置及其他有关部位的平面与基准的距离。这类尺寸最易遗漏,应特别注意。标注尺寸时,基准选择要合理,最好采用加工基准面作为定位尺寸的基准面。

各配合段的配合尺寸均应标注出偏差。所有圆角、倒角、起模斜度等都必须标注或在技术要求中说明。在标注尺寸时注意不能出现封闭尺寸。

箱体类零件图中应注明的尺寸公差如下:

(1)轴承座孔的尺寸偏差,按装配图所选定的配合标注。

(2)圆柱齿轮传动和蜗杆传动的中心距极限偏差,按相应的传动精度等级规定的数值标注。

(3)锥齿轮传动轴心线夹角的极限偏差,按锥齿轮传动公差规范的要求标注。

3. 标注几何公差

箱体类零件图中,应注明的几何公差项目如下:

(1)轴承座孔表面的圆柱度公差,采用普通精度等级滚动轴承时,选用7级或8级公差。

(2)轴承座孔端面对孔轴心线的垂直度公差,采用凸缘式轴承端盖,是为了保证轴承定位正确,选择7级或8级公差。

(3)在圆柱齿轮传动的箱体类零件图中,要注明轴承座孔轴线之间的水平方向和垂直方向的平行度公差,以满足传动精度的要求。在蜗杆传动的箱体类零件图中,要注明轴承座孔轴线之间的垂直度公差(见有关传动精度等级规范的规定)。

4. 标注表面粗糙度

箱体加工表面的粗糙度 Ra 值可参考表1-6-7选取。

表1-6-7　　　　　　　　箱体加工表面的粗糙度 Ra 推荐用值

加工表面	表面粗糙度 Ra 值/μm
箱体的分箱面	1.6(刮研)(在1 cm² 表面上要求不少于1个斑点)
与普通精度等级滚动轴承配合的轴承座孔	0.8(轴承外径 D≤80 mm) 1.6(轴承外径 D>80 mm)
轴承座孔凸缘端面	3.2
箱体底平面	25
观察孔结合面	6.3或12.5
导油沟表面	25
锥销孔	0.8
螺栓孔、沉头座表面或凸台表面 箱体上放油孔和油标尺孔的外端面	6.3或12.5
轴承端盖或套杯的加工面	1.6或3.2(配合表面) 6.3(端面,非配合表面)

5. 编写技术要求

箱体类零件图上应提出技术要求,一般包括以下内容:

(1)对铸件清砂、修饰、表面防护(如涂漆)的要求说明,铸件的时效处理。

(2)对铸件品质的要求(如不允许有缩孔、砂眼和渗漏等现象)。

(3)未注明的倒角、圆角和铸造斜度的说明。

(4)组装后分箱面处不许有渗漏现象,必要时可涂密封胶等说明。

(5)其他必要的说明,如轴承座孔轴线的平行度或垂直度在图中未注明时,可在技术要求中说明。

如图1-6-6所示为一级圆柱齿轮减速器箱盖零件图,如图1-6-7所示为一级圆柱齿轮减速器箱座零件图。

知识总结

1. 零件图是零件制造、检验和制定工艺规程的基本技术文件，它既要反映设计的意图，又要考虑制造的可行性和合理性。一张设计正确的零件图可以起到减少废品、降低生产成本、提高生产率和机械使用性能的作用。

2. 零件图的设计要点：正确选择和合理布置视图；合理标注尺寸；标注公差及表面粗糙度；编写技术要求；画出零件图的标题栏。

3. 常见零件图主要包括轴类零件图、齿轮类零件图和箱体类零件图。

能力检测

1. 零件图有何作用？零件图应包括哪些内容？
2. 零件图上有哪些技术要求？
3. 同一轴上的圆角尺寸为何要尽量统一？阶梯轴采用圆角过渡有什么意义？
4. 说明齿轮类零件图中啮合特性表的内容。
5. 你设计的轴端有无中心孔？轴上有无砂轮越程槽、螺纹退刀槽？它们都有什么功用？
6. 轴上中心孔的功用是什么？如何选择和标注？

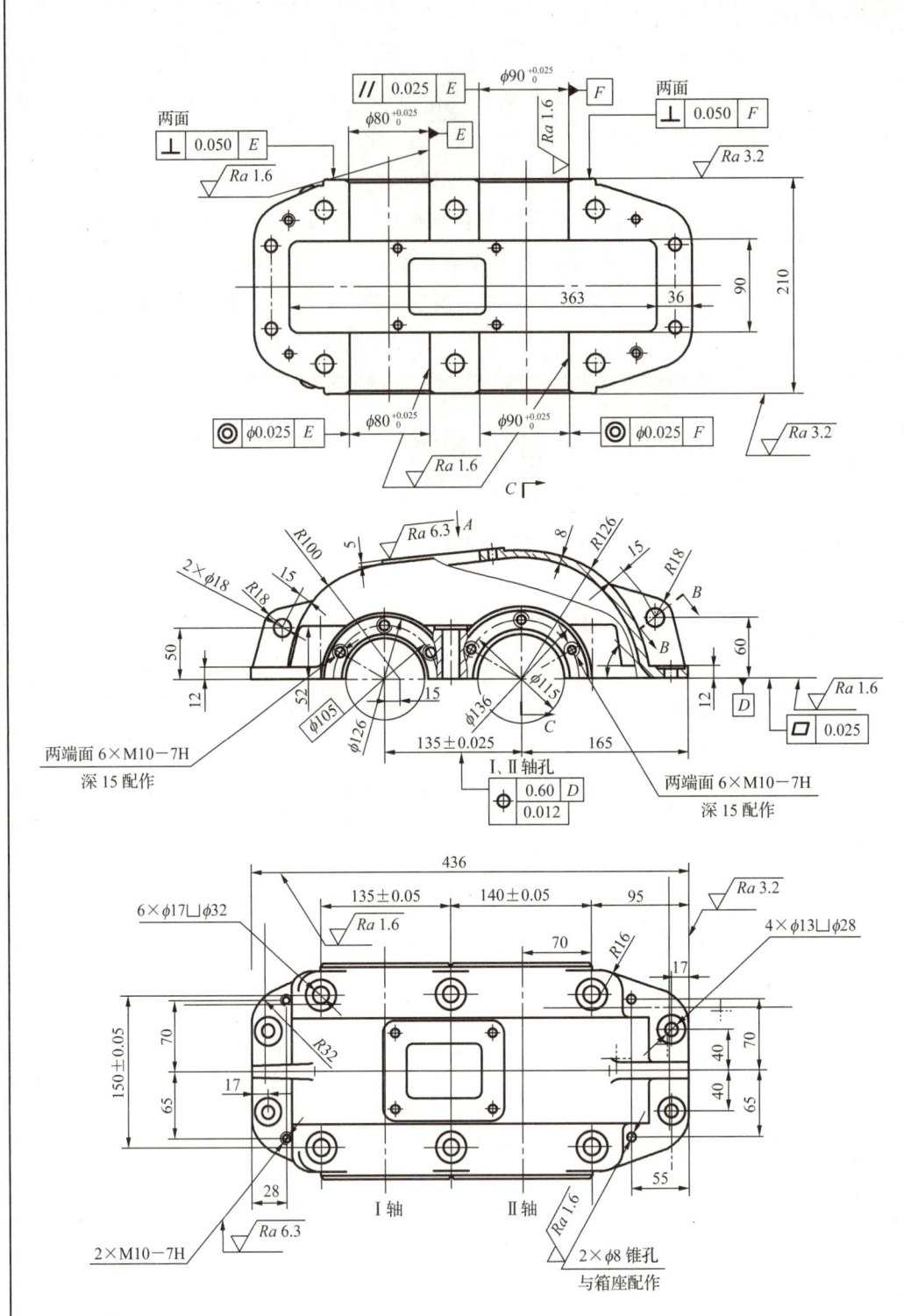

图 1-6-6 一级圆柱齿轮

任务六 减速器零件图设计

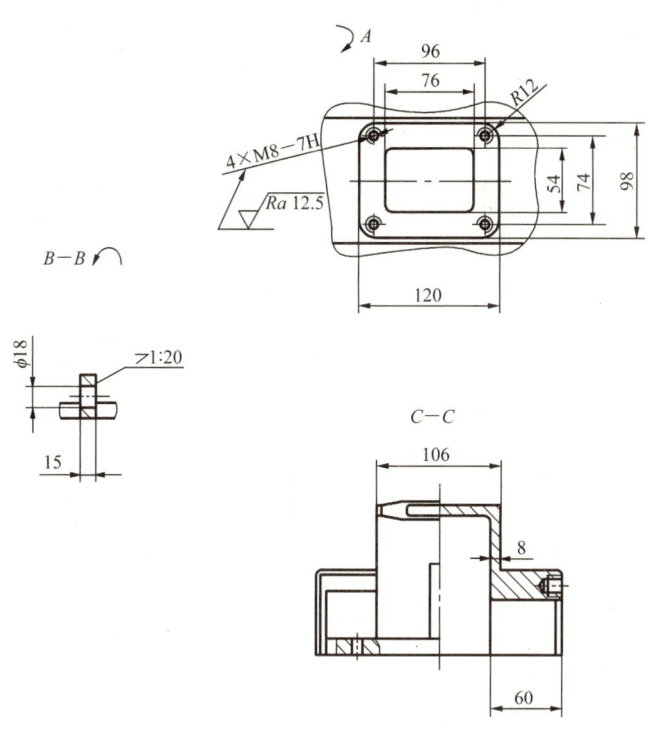

技术要求

1. 箱盖铸成后,应清理并进行时效处理。
2. 箱盖和箱座合箱后,边缘应平齐,相互错位每边不大于 2 mm。
3. 应检查与箱座结合面的密封性,用 0.05 mm 塞尺塞入深度不得大于结合面宽度的三分之一,用涂色法检查接触面积达每平方厘米一个斑点。
4. 与箱座连接后,打上定位销进行镗孔,镗孔时结合面处禁放任何衬垫。
5. 机械加工未注偏差尺寸处精度为 IT12。
6. 铸造尺寸精度为 IT18。
7. 未注明的倒角为 C2,其表面粗糙度为 $\sqrt{Ra\,12.5}$。
8. 未注明的铸造圆角半径为 R3~R5。

减速器箱盖零件图

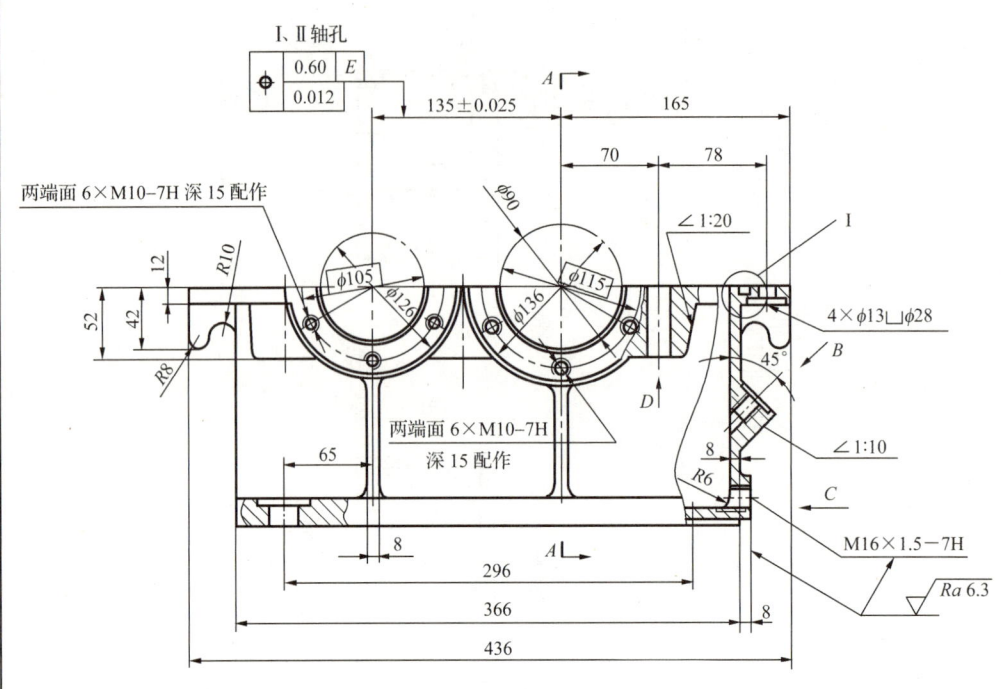

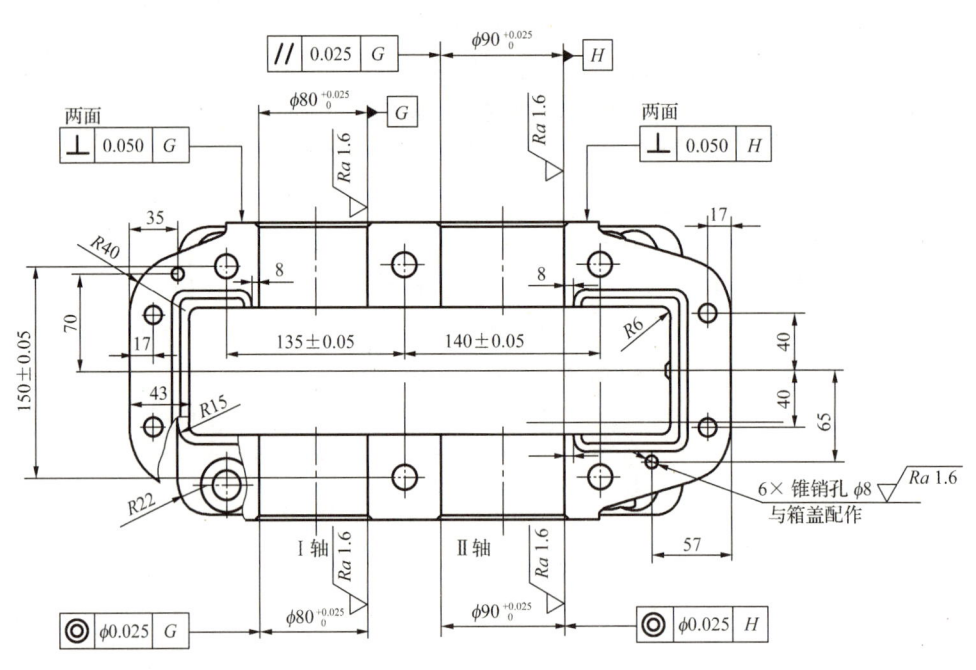

图 1-6-7　一级圆柱齿轮

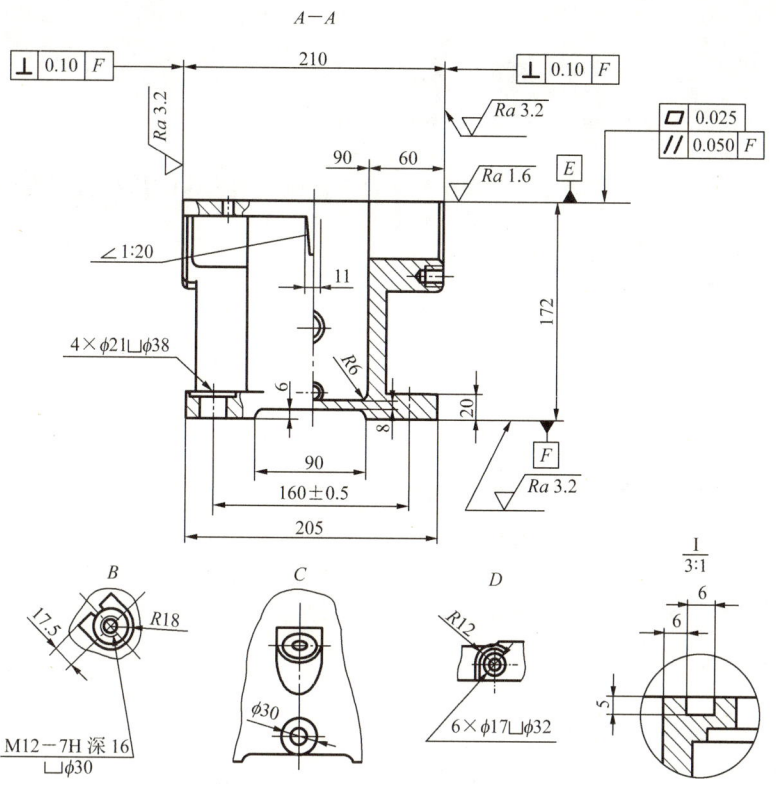

技术要求

1. 箱座铸成后,应清理并进行时效处理。
2. 箱盖和箱座合箱后,边缘应平齐,相互错位每边不大于 2 mm。
3. 应检查与箱盖结合面的密封性,用 0.05 mm 塞尺塞入深度不得大于结合面宽度的三分之一,用涂色法检查接触面积达每平方厘米一个斑点。
4. 与箱盖连接后,打上定位销进行镗孔,镗孔时结合面处禁放任何衬垫。
5. 机械加工未注偏差尺寸处精度为 IT12。
6. 铸造尺寸精度为 IT18。
7. 未注明的倒角为 C2,其表面粗糙度为 $\sqrt{Ra\,12.5}$。
8. 未注明的铸造圆角半径为 R3~R5。

减速器箱座零件图

任务七 编写设计计算说明书和准备答辩

✓ 知识目标

◎ 掌握编写设计计算说明书方法。
◎ 了解答辩工作的具体内容。

✓ 能力目标

◎ 能够编写设计计算说明书。
◎ 能够认真做好答辩工作。

一、编写设计计算说明书

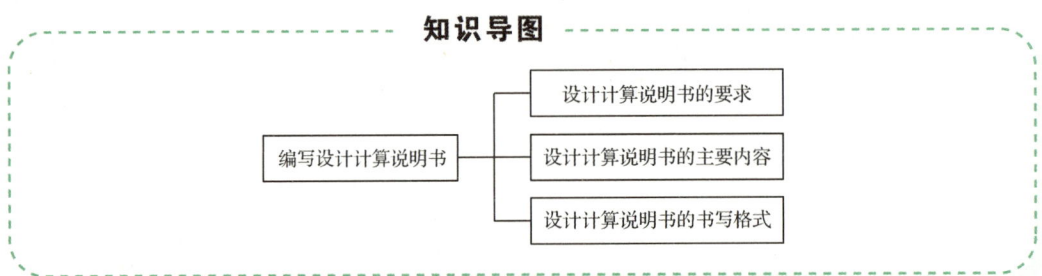

知识导图

1. 设计计算说明书的要求

设计计算说明书除系统地说明设计过程中所考虑的问题和全部的计算项目外,还应阐明设计的合理性、经济性及装拆方面的问题,同时还应注意下列事项:

(1)计算正确完整,文字简洁通顺,书写整齐规范。对计算内容只需写出计算公式并代入有关数据,直接得出最后结果(计算的中间过程不必写出)。说明书中还应包括与文字叙述和计算有关的必要简图(如传动方案简图,轴的受力分析,弯、扭矩图及结构图等)。

(2)说明书中所引用的重要计算公式和数据,应注明出处(注出参考资料的统一编号、页码和公式号或图表号等)。对所得的计算结果,应有"适用""安全"等结论。

(3)说明书须用专用纸按上述推荐的顺序及规定格式书写,标出页码,编好目录,设计出封面。

2. 设计计算说明书的主要内容

(1)目录(标题、页码);

(2)设计任务书(原始的设计任务书、附传动方案简图);

(3)传动方案的分析及拟订;

(4)电动机的选择及传动装置运动和动力参数计算(计算电动机所需的功率,选择电动机,分配各级传动比,计算各轴转速、功率和扭矩);

(5)齿轮传动的设计计算;

(6)轴的设计计算和校核;

(7)键连接的选择和校核;

(8)滚动轴承的选择和计算;

(9)联轴器的选择;

(10)箱体的设计(主要结构尺寸的设计计算及必要的说明);

(11)润滑方式、润滑油牌号及密封装置的选择;

(12)参考资料(资料编号、书名、编者、出版单位、出版年)。

3. 设计计算说明书的书写格式

设计计算说明书封面如图 1-7-1 所示,设计计算说明书书写格式见表 1-7-1。

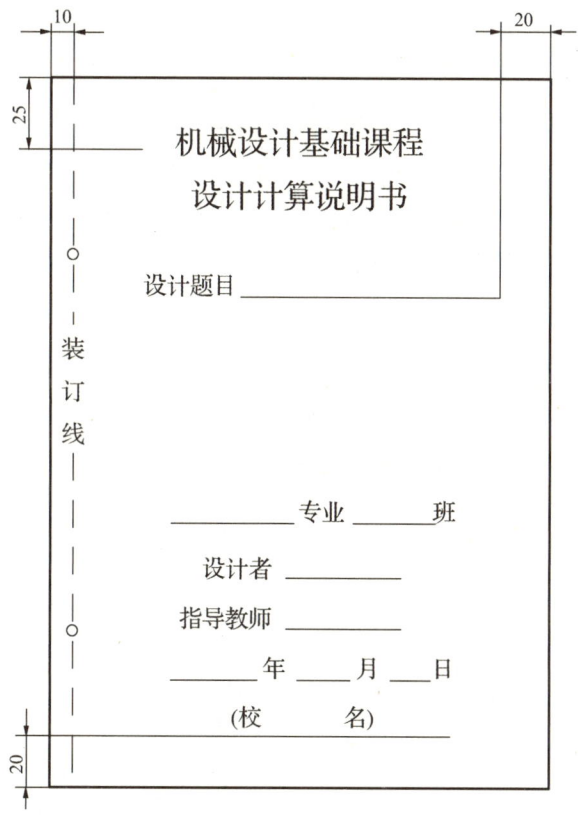

图 1-7-1　设计计算说明书封面

表 1-7-1　　　　　　　　　　　　设计计算说明书书写格式

计算及说明	结　果
…… (7)齿根弯曲疲劳强度计算 　弯曲应力 σ_F ＝…… 　　　　　　＝…… 　　　　　　＝……＜$[\sigma_F]$ 　检验结果：轮齿弯曲强度富余量较大，但因模数不宜太小，故齿轮的参数和尺寸维持原结果不变。 …… 六、轴的计算 …… 2.中间轴的计算 　轴的跨度、齿轮在轴上的位置及轴的受力如图××所示。 ……	公式引自[×] $\sigma_F < [\sigma_F]$ 轴的计算公式和有关数据皆引自[×]××～××页

二、准备答辩

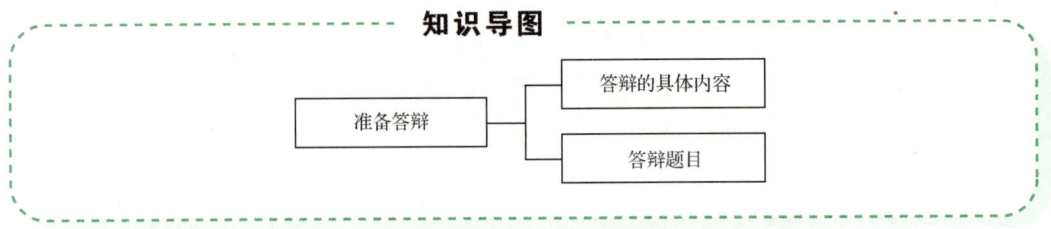

知识导图

准备答辩 ── 答辩的具体内容
　　　　　└ 答辩题目

　　答辩是课程设计的最后一个环节，可以系统地分析所做设计的优、缺点，检查对知识的掌握情况和进行设计成果的展示，是评定设计成绩的一个重要环节。通过准备答辩，可以对设计过程进行全面的分析和总结，发现存在的问题，因此准备答辩是一个再提高的过程。

1.答辩的具体内容

(1)整理归纳所有的设计内容。将设计计算说明书装订成册，将图纸折叠好，图纸的折叠方法如图 1-7-2 所示，且一并装入图袋中，图袋封面的书写格式如图 1-7-3 所示。

(2)答辩前，对设计过程进行认真、系统的总结，复习已学过的相关理论知识，弄清设计中的每一个数据和公式，弄懂图纸上的结构设计等问题。

(3)总结设计中的优、缺点，明确今后设计中应注意的问题，为答辩和以后的实际工作做准备。

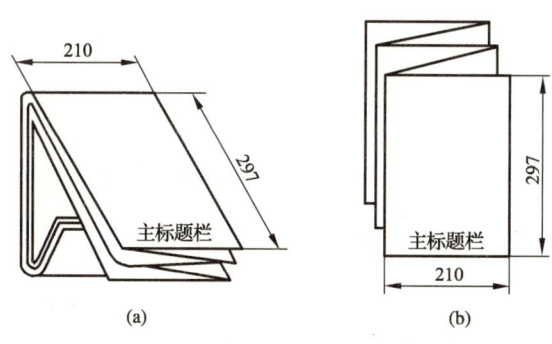

图 1-7-2 图纸的折叠方法　　　　图 1-7-3 图袋封面的书写格式

2. 答辩题目

答辩题目参考各任务的能力检测题目。

知识总结

1. 设计计算说明书除系统地说明设计过程中所考虑的问题和全部的计算项目外，还应阐明设计的合理性、经济性及装拆方面的问题。

2. 通过答辩准备和答辩，可以系统地分析所做设计的优、缺点，检查对知识的掌握情况和进行设计成果的展示。通过准备答辩，可以对设计过程进行全面的分析和总结，发现存在的问题，因此准备答辩是一个再提高的过程。

能力检测

以减速器为主的传动装置的设计计算说明书主要包括哪些内容？

模块二

设计参考资料

资料一
一般标准

表 2-1-1　　　　　　　　标准尺寸（摘自 GB/T 2822—2005）　　　　　　　　mm

R10	R20	R40	R′10	R′20	R′40	R10	R20	R40	R′10	R′20	R′40	R10	R20	R40	R′10	R′20	R′40
2.50	2.50		2.5	2.5		40.0	40.0	40.0	40	40	40		280	280		280	280
	2.80			2.8				42.5			42			300			300
3.15	3.15		3.0	3.0			45.0	45.0		45	45	315	315	315	320	320	320
	3.55			3.5				47.5			48			335			340
4.00	4.00		4.0	4.0		50.0	50.0	50.0	50	50	50		355	355		360	360
	4.50			4.5				53.0			53			375			380
5.00	5.00		5.0	5.0			56.0	56.0		56	56	400	400	400	400	400	400
	5.60			5.5				60.0			60			425			420
6.30	6.30		6.0	6.0		63.0	63.0	63.0	63	63	63		450	450		450	450
	7.10			7.0				67.0			67			475			480
8.00	8.00		8.0	8.0			71.0	71.0		71	71	500	500	500	500	500	500
	9.00			9.0				75.0			75			530			530
10.0	10.0		10	10		80.0	80.0	80.0	80	80	80		560	560		560	560
	11.2			11				85.0			85			600			600
12.5	12.5	12.5	12	12	12		90.0	90.0		90	90	630	630	630	630	630	630
		13.2			13			95.0			95			670			670
	14.0	14.0		14	14	100	100	100	100	100	100		710	710		710	710
		15.0			15			106			105			750			750
16.0	16.0	16.0	16	16	16		112	112		110	110	800	800	800	800	800	800
		17.0			17			118			120			850			850
	18.0	18.0		18	18	125	125	125	125	125	125		900	900		900	900
		19.0			19			132			130			950			950
20.0	20.0	20.0	20	20	20		140	140		140	140	1 000	1 000	1 000	1 000	1 000	1 000
		21.2			21			150			150			1 060			
	22.4	22.4		22	22	160	160	160	160	160	160		1 120	1 120			
		23.6			24			170			170			1 180			
25.0	25.0	25.0	25	25	25		180	180		180	180	1 250	1 250	1 250			
		26.5			26			190			190			1 320			
	28.0	28.0		28	28	200	200	200	200	200	200		1 400	1 400			
		30.0			30			212			210			1 500			
31.5	31.5	31.5	32	32	32		224	224		220	220	1 600	1 600	1 600			
		33.5			34			236			240			1 700			
	35.5	35.5		36	36	250	250	250	250	250	250		1 800	1 800			
		37.5			38			265			260			1 900			

注：选择系列及单个尺寸时，应首先在优先数系 R 系列中选用标准尺寸，选用顺序为：R10、R20、R40。如果必须将数值圆整，可在相应的 R′系列中选用标准尺寸。

表 2-1-2　　　　　　　　砂轮越程槽(摘自 GB/T 6403.5—2008)　　　　　　　mm

回转面及端面砂轮越程槽的型式和尺寸

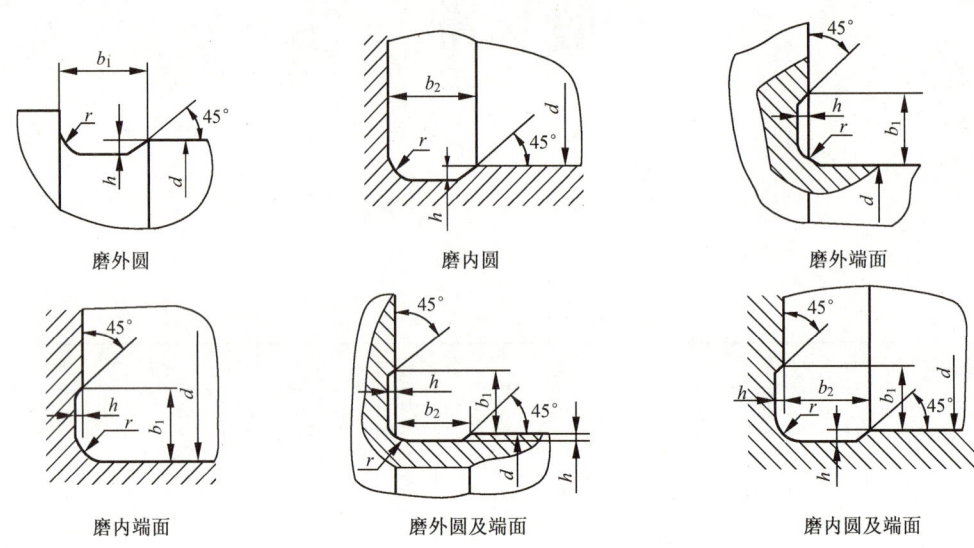

b_1	0.6	1.0	1.6	2.0	3.0	4.0	5.0	8.0	10
b_2	2.0	3.0		4.0		5.0		8.0	10
h	0.1	0.2		0.3	0.4		0.6	0.8	1.2
r	0.2	0.5		0.8	1.0		1.6	2.0	3.0
d	~10			10~50			50~100	100	

平面砂轮和 V 形砂轮越程槽的型式和尺寸

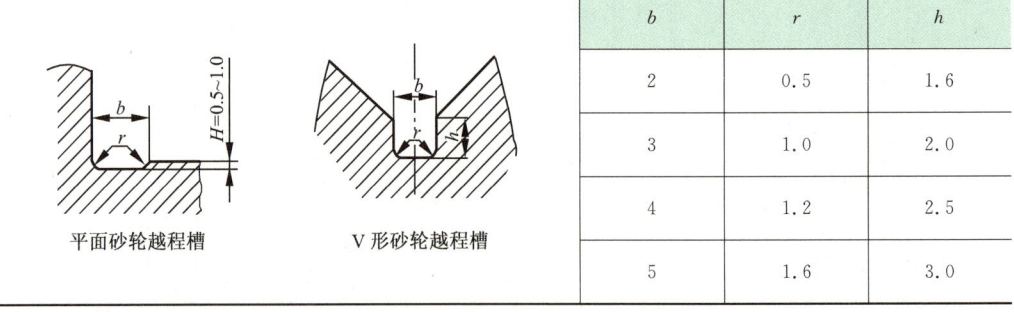

b	r	h
2	0.5	1.6
3	1.0	2.0
4	1.2	2.5
5	1.6	3.0

注：1. 越程槽内与直线相交处，不允许产生尖角。
　　2. 越程槽深度 h 与圆弧半径 r，应满足 $r \leqslant 3h$。

表 2-1-3　　　　　　　　　零件倒圆与倒角（摘自 GB/T 6403.4—2008）　　　　　　　　　mm

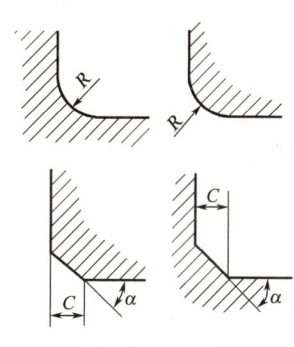

倒圆、倒角型式

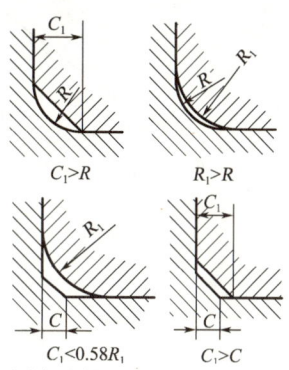

倒圆、倒角(45°)的四种装配型式

倒圆、倒角尺寸系列值

R、C	0.1	0.2	0.3	0.4	0.5	0.6	0.8	1.0	1.2	1.6	2.0	2.5	3.0
	4.0	5.0	6.0	8.0	10	12	16	20	25	32	40	50	—

与直径 ϕ 相应的倒角 C、倒圆 R 的推荐值

ϕ	<3	>3~6	>6~10	>10~18	>18~30	>30~50	>50~80	>80~120	>120~180	>180~250	>250~320	>320~400	>400~500	>500~630	>630~800	>800~1 000
C 或 R	0.2	0.4	0.6	0.8	1.0	1.6	2.0	2.5	3.0	4.0	5.0	6.0	8.0	10	12	16

内角倒角、外角倒圆时 C_{max} 与 R_1 的关系

R_1	0.1	0.2	0.3	0.4	0.5	0.6	0.8	1.0	1.2	1.6	2.0	2.5	3.0	4.0	5.0	6.0	8.0	10	12	16	20	25
C_{max} ($C>0.58R_1$)	—	0.1	0.2	0.3	0.4	0.5	0.6	0.8	1.0	1.2	1.6	2.0	2.5	3.0	4.0	5.0	6.0	8.0	10	12		

注：α 一般采用 45°，也可采用 30°或 60°。

表 2-1-4　　　　　　　　　铸造过渡斜度（摘自 JB/ZQ 4254—2006）　　　　　　　　　mm

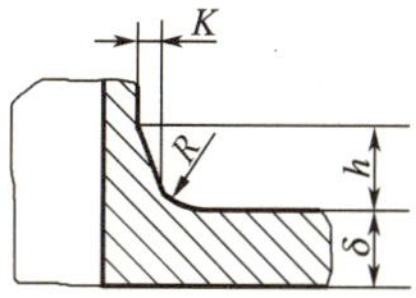

适用于减速器的箱体、箱盖、连接管、气缸及其他各种连接法兰等铸件的过渡部分尺寸

铸铁和铸钢件的壁厚 δ	K	h	R
10～15	3	15	5
>15～20	4	20	5
>20～25	5	25	5
>25～30	6	30	8
>30～35	7	35	8
>35～40	8	40	10
>40～45	9	45	10
>45～50	10	50	10
>50～55	11	55	10
>55～60	12	60	15

表 2-1-5　　　　　　　　　铸造外圆角（摘自 JB/ZQ 4256—2006）　　　　　　　　　mm

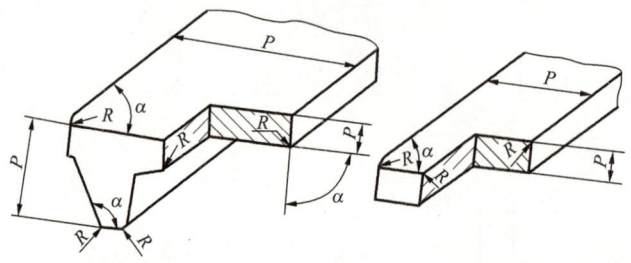

表面的最小边尺寸 P	R					
^	外圆角 α					
^	≤50°	>50°～75°	>75°～105°	>105°～135°	>135°～165°	>165°
≤25	2	2	2	4	6	8
>25～60	2	4	4	6	10	16
>60～160	4	4	6	8	16	25
>160～250	4	6	8	12	20	30
>250～400	6	8	10	16	25	40
>400～600	6	8	12	20	30	50

注：如一铸件按表可选出许多不同的"R"时，应尽量减少或只取一适当的"R"值以求统一。

表 2-1-6　　　　　　　　　铸造内圆角（摘自 JB/ZQ 4255—2006）　　　　　　　　　mm

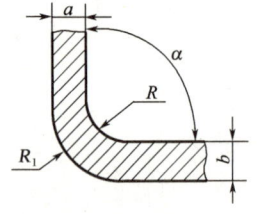 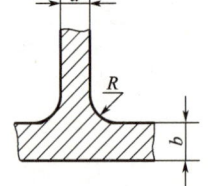 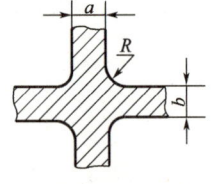 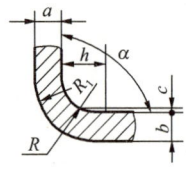

$a \approx b; R_1 = R + a$　　　　　　　　　　　　　　　　　　　　$b < 0.8a; R_1 = R + b + c$

$\dfrac{a+b}{2}$	R											
^	内圆角 α											
^	≤50°		>50°～75°		>75°～105°		>105°～135°		>135°～165°		>165°	
^	钢	铁	钢	铁	钢	铁	钢	铁	钢	铁	钢	铁
≤8	4	4	4	4	6	4	8	6	16	10	20	16
9～12	4	4	4	4	6	6	10	8	16	12	25	20
13～16	4	4	6	4	8	6	12	10	20	16	30	25
17～20	6	4	8	6	10	8	16	12	25	20	40	30
21～27	6	6	10	8	12	10	20	16	30	25	50	40
28～35	8	6	12	10	16	12	25	20	40	30	60	50

c 和 h				
b/a	≤0.4	>0.4～0.65	>0.65～0.8	>0.8
c≈	0.7(a-b)	0.8(a-b)	(a-b)	—
h≈	钢	8c			
^	铁	9c			

资料二 常用金属材料

表 2-2-1　　　　　　　　灰铸铁(摘自 GB/T 9439—2010)

牌号	铸件壁厚/mm >	铸件壁厚/mm ≤	最小抗拉强度 (附铸试棒或试块) R_m/MPa	应用举例
HT100	5	40	—	盖、外罩、油盘、手轮、手把、支架等
HT150	5	10	—	端盖、汽轮泵体、轴承座、阀壳、管子及管路附件、手轮、一般机床底座、床身及其他复杂零件、滑座、工作台等
HT150	10	20	—	
HT150	20	40	120	
HT150	40	80	110	
HT200	5	10	—	气缸、齿轮、底架、箱体、飞轮、齿条、衬筒、一般机床铸有导轨的床身及中等压力(8 MPa 以下)油缸、液压泵和阀的壳体等
HT200	10	20	—	
HT200	20	40	170	
HT200	40	80	150	
HT250	5	10	—	阀壳、油缸、气缸、联轴器、箱体、齿轮、齿轮箱体、飞轮、衬筒、凸轮、轴承座等
HT250	10	20	—	
HT250	20	40	210	
HT250	40	80	190	
HT300	10	20	—	齿轮、凸轮、车床卡盘、剪床、压力机的机身、导板、重负荷机床铸有导轨的床身、高压油缸、液压泵和滑阀的壳体等
HT300	20	40	250	
HT300	40	80	220	
HT350	10	20	—	
HT350	20	40	290	
HT350	40	80	260	

注：应用举例不属于 GB/T 9439—2010,仅供参考。

表 2-2-2　　　　　　　　球墨铸铁件(摘自 GB/T 1348—2019)

牌 号	抗拉强度 R_m MPa	屈服强度 $R_{p0.2}$ MPa	断后伸长率 A %	应用举例
	最小值			
QT400-18	400	240	18	减速器箱体、管路、阀体、阀盖、压缩机气缸、拨叉、离合器壳等
QT400-15	400	250	15	
QT450-10	450	310	10	油泵齿轮、阀门体、车辆轴瓦、凸轮、犁铧、减速器箱体、轴承座等
QT500-7	500	320	7	
QT600-3	600	370	3	曲轴、凸轮轴、齿轮轴、机床主轴、缸体、缸套、连杆、矿车轮、农机零件等
QT700-2	700	420	2	
QT800-2	800	480	2	
QT900-2	900	600	2	曲轴、凸轮轴、连杆、履带式拖拉机链轨板等

注：1.表中牌号是由单铸试块测定的性能。

2.铸件壁厚 $t \leqslant 30$ mm。

3.应用举例不属于 GB/T 1348—2019，仅供参考。

表 2-2-3　　　　　　　一般工程用铸造碳钢件(摘自 GB/T 11352—2009)

牌 号	屈服强度 R_{eH} ($R_{p0.2}$)/MPa	抗拉强度 R_m/MPa	伸长率 A_5/%	根据合同选择			应用举例
				断面收缩率 Z/%	冲击吸收功 A_{KV}/J	冲击吸收功 A_{KU}/J	
ZG 200-400	200	400	25	40	30	47	各种形状的机件，如机座、变速箱壳等
ZG 230-450	230	450	22	32	25	35	铸造平坦的零件，如机座、机盖、箱体、铁砧台以及工作温度在 450 ℃ 以下的管路附件等，焊接性良好
ZG 270-500	270	500	18	25	22	27	各种形状的机件，如飞轮、机架、蒸汽锤、桩锤、联轴器、水压机工作缸、横梁等，焊接性尚可
ZG 310-570	310	570	15	21	15	24	各种形状的机件，如联轴器、气缸、齿轮、齿轮圈及重负荷机架等
ZG 340-640	340	640	10	18	10	16	起重运输机中的齿轮、联轴器及重要的机件等

注：1.表中所列的各牌号性能，适用于厚度为 100 mm 以下的铸件。当铸件厚度超过 100 mm 时，表中规定的 R_{eH} ($R_{p0.2}$)屈服强度仅供设计使用。

2.表中冲击吸收功 A_{KU} 的试样缺口为 2 mm。

3.应用举例不属于 GB/T 11352—2009，仅供参考。

表 2-2-4 碳素结构钢(摘自 GB/T 700—2006)

牌号	等级	屈服强度 R_{eH}/MPa(不小于) ≤16	>16~40	>40~60	>60~100	>100~150	>150	抗拉强度 R_m/(N·mm^{-2})	断后伸长率 A/%(不小于) ≤40	>40~60	>60~100	>100~150	>150~200	冲击试验(V形缺口) 温度/℃	冲击吸收功(纵向)/J(不小于)	应用举例
Q195	—	195	185	—	—	—	—	315~430	33	—	—	—	—	—	—	塑性好,常用其轧制薄板、拉制线材、制钉和焊接钢管
Q215	A	215	205	195	185	175	165	335~450	31	30	29	27	26	—	—	金属结构件、拉杆、套圈、铆钉、螺栓、短轴、心轴、凸轮(载荷不大的)、垫圈、渗碳零件及焊接件
	B													+20	27	
Q235	A	235	225	215	215	195	185	370~500	26	25	24	22	21	—	—	金属结构件、心部强度要求不高的渗碳或碳氮共渗零件、吊钩、齿轮、螺栓、螺母、连杆、轮轴、楔、盖及焊接件
	B													+20	27	
	C													0		
	D													-20		
Q275	A	275	265	255	245	225	215	410~540	22	21	20	18	17	—	—	轴、轴销、刹车杆、螺母、螺栓、垫圈、连杆、齿轮以及其他强度较高的零件,焊接性尚可
	B													+20	27	
	C													0		
	D													-20		

注:1. Q195 的屈服强度值仅供参考。
2. 应用举例不属于 GB/T 700—2006,仅供参考。

表 2-2-5 优质碳素结构钢(摘自 GB/T 699—2015)

牌号	推荐的热处理制度 加热温度/℃ 正火	淬火	回火	试样毛坯尺寸/mm	力学性能 不小于 抗拉强度 R_m MPa	下屈服强度 R_{eL} MPa	断后伸长率 A %	断面收缩率 Z %	冲击吸收能量 KU_2 J	应用举例
08	930	—	—	25	325	195	33	60	—	用于需塑性好的零件,如管子、垫片、垫圈、心部强度要求不高的渗碳和碳氮共渗零件,如套筒、短轴、挡块、支架、靠模、离合器盘
10	930	—	—	25	335	205	31	55	—	用于制造拉杆、卡头以及钢管垫片、垫圈、铆钉。这种钢无回火脆性,焊接性好,用来制造焊接零件
15	920	—	—	25	375	225	27	55	—	用于受力不大、韧性较高的零件和渗碳零件、紧固件、冲模锻件及不需要热处理的低负荷零件,如螺栓、螺钉、拉条、法兰盘、化工贮器、蒸汽锅炉

续表

牌号	推荐的热处理制度 正火 加热温度/℃	推荐的热处理制度 淬火 加热温度/℃	推荐的热处理制度 回火 加热温度/℃	试样毛坯尺寸/mm	力学性能 抗拉强度 R_m MPa 不小于	力学性能 下屈服强度 R_{eL} MPa 不小于	力学性能 断后伸长率 A % 不小于	力学性能 断面收缩率 Z % 不小于	力学性能 冲击吸收能量 KU_2 J 不小于	应用举例
20	910	—	—	25	410	245	25	55	—	用于不经受很大应力而要求很大韧性的机械零件,如杠杆、轴套、螺钉、起重钩等;也用于制造压力小于6 MPa、温度低于450 ℃、在非腐蚀介质中使用的零件,如管子、导管等;还可用于表面硬度高而心部强度要求不高的渗碳与氰化零件
25	900	870	600	25	450	275	23	50	71	用于制造焊接设备以及经锻造、热冲压和机械加工的不承受大应力的零件,如轴、辊子、联轴器、垫圈、螺栓、螺钉及螺母
35	870	850	600	25	530	315	20	45	55	用于制造曲轴、转轴、轴销、杠杆、连杆、横梁、链轮、圆盘、套筒钩环、垫圈、螺钉、螺母。这种钢多在正火和调质状态下使用,一般不做焊接用
40	860	840	600	25	570	335	19	45	47	用于制造辊子、轴、曲柄销、活塞杆、圆盘
45	850	840	600	25	600	355	16	40	39	用于制造齿轮、齿条、链轮、轴、键、销、蒸汽透平机的叶轮、压缩机及泵的零件、轧辊等。可代替渗碳钢做齿轮、轴、活塞销等,但要经感应或火焰表面淬火
50	830	830	600	25	630	375	14	40	31	用于制造齿轮、拉杆、轧辊、轴、圆盘
55	820	—	—	25	645	380	13	35	—	用于制造齿轮、连杆、轮缘、扁弹簧及轧辊等
60	810	—	—	25	675	400	12	35	—	用于制造轧辊、轴、轮箍、弹簧、弹簧垫圈、离合器、凸轮、钢绳等
20Mn	910	—	—	25	450	275	24	50	—	用于制造凸轮轴、齿轮、联轴器、铰链、拖杆等

续表

牌号	推荐热处理/℃ 正火	推荐热处理/℃ 淬火	推荐热处理/℃ 回火	试样毛坯尺寸/mm	力学性能 抗拉强度 R_m MPa	力学性能 下屈服强度 R_{eL} MPa	力学性能 断后伸长率 A %	力学性能 断面收缩率 Z %	力学性能 冲击吸收能量 KU_2 J	应用举例
	加热温度/℃						不小于			
30Mn	880	860	600	25	540	315	20	45	63	用于制造螺栓、螺母、螺钉、杠杆及刹车踏板等
40Mn	860	840	600	25	590	355	17	45	47	用于制造承受疲劳负荷的零件,如轴、万向联轴器、曲轴、连杆及在大应力下工作的螺栓、螺母等
50Mn	830	830	600	25	645	390	13	40	31	用于制造耐磨性要求很高、在高负荷作用下工作的热处理零件,如齿轮、齿轮轴、摩擦盘、凸轮和截面在80 mm² 以下的心轴等
60Mn	810	—	—	25	690	410	11	35	—	适于制造弹簧、弹簧垫圈、弹簧环、弹簧片以及冷拔钢丝(≤7 mm)和发条

注:1. 表中所列正火推荐保温时间不短于 30 min,空冷;淬火推荐保温时间不短于 30 min,水冷;回火推荐保温时间不短于 1 h。
2. 应用举例不属于 GB/T 699—2015,仅供参考。

表 2-2-6　　　　　　　　　　　弹簧钢(摘自 GB/T 1222—2016)

牌号	热处理制度 淬火温度/℃	热处理制度 淬火介质	热处理制度 回火温度/℃	力学性能 抗拉强度 R_m MPa	力学性能 下屈服强度 R_{eL} MPa	力学性能 断后伸长率 A %	力学性能 断后伸长率 $A_{11.3}$ %	力学性能 断面收缩率 Z %	应用举例
						不小于			
65	840	油	500	980	785	—	9.0	35	工作温度不高的小型弹簧或不太重要的较大尺寸弹簧及一般机械用的弹簧
70	830	油	480	1 030	835	—	8.0	30	工作温度不高的小型弹簧或不太重要的较大尺寸弹簧及一般机械用的弹簧
65Mn	830	油	540	980	785	—	8.0	30	小尺寸的扁、圆弹簧,发条,离合器簧片,弹簧环,刹车弹簧
55SiMnVB	860	油	460	1 375	1 225	5.0	—	30	重型、中小型汽车的板簧和螺旋弹簧
60Si2Mn	870	油	440	1 570	1 375	5.0	—	20	重型、中小型汽车的板簧和螺旋弹簧
55CrMn	840	油	485	1 225	1 080	9.0	—	20	用于制作汽车稳定杆、较大规格的螺旋弹簧
60CrMn	840	油	490	1 225	1 080	9.0	—	20	用于制作汽车稳定杆、较大规格的螺旋弹簧
60Si2Cr	870	油	420	1 765	1 570	6.0	—	20	用于制造载荷大的重要弹簧、工程机械弹簧
60Si2CrV	850	油	410	1 860	1 665	6.0	—	20	用于制造载荷大的重要弹簧、工程机械弹簧

注:1. 表中所列性能适用于直径或边长≤80 mm 的棒材以及厚度不大于 40 mm 的扁钢。直径或边长>80 mm 的棒材、厚度大于 40 mm 的扁钢,允许其 A、Z 值较表内规定值分别减小 1%(绝对值)及 5%(绝对值)。
2. 除规定的热处理上、下限外,表中热处理温度允许偏差为淬火±20 ℃,回火±50 ℃。
3. 应用举例不属于 GB/T 1222—2016,仅供参考。

表 2-2-7　合金结构钢(摘自 GB/T 3077—2015)

钢号	试样毛坯尺寸/mm	热处理 淬火 加热温度/℃ 第1次淬火	热处理 淬火 加热温度/℃ 第2次淬火	热处理 淬火 冷却剂	热处理 回火 加热温度/℃	热处理 回火 冷却剂	力学性能 抗拉强度 R_m MPa	力学性能 下屈服强度 R_{eL} MPa	力学性能 断后伸长率 A % 不小于	力学性能 断面收缩率 Z % 不小于	力学性能 冲击吸收能量 KU_2 J 不小于	特性及应用举例
20Mn2	15	850 880	—	水、油	200 440	水、空气	785	590	10	40	47	截面小时与20Cr相当,用于做渗碳小齿轮、小轴、钢套、链板等,渗碳淬火后硬度为56HRC~62HRC
35Mn2	25	840	—	水	500	水	835	685	12	45	55	对截面较小的零件可代替40Cr,可做直径≤15 mm的冷镦螺栓及小轴等,表面淬火后硬度为40HRC~50HRC
45Mn2	25	840	—	油	550	水、油	885	735	10	45	47	用于制造在较高应力与磨损条件下的零件。在直径为60 mm时,与40Cr相当,做万向轴承、齿轮、齿条、曲轴、蜗杆、花键轴和摩擦盘等,表面淬火后硬度为45HRC~55HRC
35SiMn	25	900	—	水	570	水	885	735	15	45	47	除了要求低温(-20 ℃以下)及冲击韧性很高的情况外,可全面代替40Cr做调质钢,也可部分代替40CrNi,适用中小型轴类、齿轮等零件以及在430 ℃以下工作的重要紧固件,表面淬火后硬度为45HRC~55HRC
42SiMn	25	880	—	水	590	水	885	735	15	40	47	与35SiMn钢同,直于齿轮、表面淬火件,如齿轮、轴、连杆、螺栓等
20MnV	15	880	—	水、油	200	水、空气	785	590	10	40	55	相当于20CrNi的渗碳钢,渗碳淬火后硬度为56HRC~62HRC
40MnB	25	850	—	油	500	水、油	980	785	10	45	47	可代替40Cr做重要调质件,如齿轮、轴、曲轴、螺栓等
37SiMn2MoV	25	870	—	水、油	650	水、空气	980	835	12	50	63	可代替34CrNiMo等做高强度、重负荷或重要零件,如轴、齿轮、蜗杆等,表面淬火后硬度为50HRC~55HRC
20CrMnTi	15	880 870	870	油	200	水、空气	1 080	850	10	45	55	强度、韧性均高,是终镍铬钢的代用品。用于承受高速、中等负荷以及冲击和磨损的重要零件,如渗碳齿轮、凸轮等,渗碳淬火后硬度为56HRC~62HRC
20CrMnMo	15	850	—	油	200	水、空气	1 180	885	10	45	55	用于要求表面硬度高、耐磨、心部有较高强度、韧性的零件,如传动齿轮和曲轴等,渗碳淬火后硬度为56HRC~62HRC

注:特性及应用举例不属于GB/T 3077—2015,仅供参考。

资料三 极限与配合

表 2-3-1 标准公差数值(摘自 GB/T 1800.1—2020)

公称尺寸/mm		标准公差等级																	
大于	至	IT1	IT2	IT3	IT4	IT5	IT6	IT7	IT8	IT9	IT10	IT11	IT12	IT13	IT14	IT15	IT16	IT17	IT18
		标准公差数值																	
		μm											mm						
—	3	0.8	1.2	2	3	4	6	10	14	25	40	60	0.1	0.14	0.25	0.4	0.6	1	1.4
3	6	1	1.5	2.5	4	5	8	12	18	30	48	75	0.12	0.18	0.3	0.48	0.75	1.2	1.8
6	10	1	1.5	2.5	4	6	9	15	22	36	58	90	0.15	0.22	0.36	0.58	0.9	1.5	2.2
10	18	1.2	2	3	5	8	11	18	27	43	70	110	0.18	0.27	0.43	0.7	1.1	1.8	2.7
18	30	1.5	2.5	4	6	9	13	21	33	52	84	130	0.21	0.33	0.52	0.84	1.3	2.1	3.3
30	50	1.5	2.5	4	7	11	16	25	39	62	100	160	0.25	0.39	0.62	1	1.6	2.5	3.9
50	80	2	3	5	8	13	19	30	46	74	120	190	0.3	0.46	0.74	1.2	1.9	3	4.6
80	120	2.5	4	6	10	15	22	35	54	87	140	220	0.35	0.54	0.87	1.4	2.2	3.5	5.4
120	180	3.5	5	8	12	18	25	40	63	100	160	250	0.4	0.63	1	1.6	2.5	4	6.3
180	250	4.5	7	10	14	20	29	46	72	115	185	290	0.46	0.72	1.15	1.85	2.9	4.6	7.2
250	315	6	8	12	16	23	32	52	81	130	210	320	0.52	0.81	1.3	2.1	3.2	5.2	8.1
315	400	7	9	13	18	25	36	57	89	140	230	360	0.57	0.89	1.4	2.3	3.6	5.7	8.9
400	500	8	10	15	20	27	40	63	97	155	250	400	0.63	0.97	1.55	2.5	4	6.3	9.7
500	630	9	11	16	22	32	44	70	110	175	280	440	0.7	1.1	1.75	2.8	4.4	7	11
630	800	10	13	18	25	36	50	80	125	200	320	500	0.8	1.25	2	3.2	5	8	12.5
800	1 000	11	15	21	28	40	56	90	140	230	360	560	0.9	1.4	2.3	3.6	5.6	9	14
1 000	1 250	13	18	24	33	47	66	105	165	260	420	660	1.05	1.65	2.6	4.2	6.6	10.5	16.5
1 250	1 600	15	21	29	39	55	78	125	195	310	500	780	1.25	1.95	3.1	5	7.8	12.5	19.5
1 600	2 000	18	25	35	46	65	92	150	230	370	600	920	1.5	2.3	3.7	6	9.2	15	23
2 000	2 500	22	30	41	55	78	110	175	280	440	700	1 100	1.75	2.8	4.4	7	11	17.5	28
2 500	3 150	26	36	50	68	96	135	210	330	540	860	1 350	2.1	3.3	5.4	8.6	13.5	21	33

表 2-3-2　轴的极限偏差（摘自 GB/T 1800.2—2020） /μm

基本偏差代号	a	b	c	d	e	f	g	h						js	k	m	n	p	r	s	t	u	v	x	y	z
公差等级																										
公称尺寸 /mm	11	11	11*	9*	8*	7*	6*	5	6*	7*	8	9*	10	11*	12	6	6*	6	6*	6*	6	6*	6	6*	6	6	6	6
大于 — 至 3	−270 −330	−140 −200	−60 −120	−20 −45	−14 −28	−6 −16	−2 −8	0 −4	0 −6	0 −10	0 −14	0 −25	0 −40	0 −60	0 −100	±3	+6 0	+8 +2	+10 +4	+12 +6	+16 +10	+20 +14	—	+24 +18	—	+26 +20	+32 +26
3 — 6	−270 −345	−140 −215	−70 −145	−30 −60	−20 −38	−10 −22	−4 −12	0 −5	0 −8	0 −12	0 −18	0 −30	0 −48	0 −75	0 −120	±4	+9 +1	+12 +4	+16 +8	+20 +12	+23 +15	+27 +19	—	+31 +23	—	+36 +28	+43 +35
6 — 10	−280 −370	−150 −240	−80 −170	−40 −76	−25 −47	−13 −28	−5 −14	0 −6	0 −9	0 −15	0 −22	0 −36	0 −58	0 −90	0 −150	±4.5	+10 +1	+15 +6	+19 +10	+24 +15	+28 +19	+32 +23	—	+37 +28	—	+43 +34	+51 +42
10 — 14	−290 −400	−150 −260	−95 −205	−50 −93	−32 −59	−16 −34	−6 −17	0 −8	0 −11	0 −18	0 −27	0 −43	0 −70	0 −110	0 −180	±5.5	+12 +1	+18 +7	+23 +12	+29 +18	+34 +23	+39 +28	—	+44 +33	—	+51 +40	+56 +45	+61 +50	+71 +60
14 — 18																									+51 +39			
18 — 24	−300 −430	−160 −290	−110 −240	−65 −117	−40 −73	−20 −41	−7 −20	0 −9	0 −13	0 −21	0 −33	0 −52	0 −84	0 −130	0 −210	±6.5	+15 +2	+21 +8	+28 +15	+35 +22	+41 +28	+48 +35	—	+54 +41	+60 +47	+67 +54	+76 +63	+86 +73
24 — 30																								+61 +48	+68 +55	+77 +64	+88 +75	+101 +88
30 — 40	−310 −470	−170 −330	−120 −280	−80 −142	−50 −89	−25 −50	−9 −25	0 −11	0 −16	0 −25	0 −39	0 −62	0 −100	0 −160	0 −250	±8	+18 +2	+25 +9	+33 +17	+42 +26	+50 +34	+59 +43	+54 +41	+64 +48	+76 +60	+84 +68	+96 +80	+110 +94	+128 +112
40 — 50	−320 −480	−180 −340	−130 −290																				+70 +54	+86 +70	+97 +81	+113 +97	+130 +114	+152 +136
50 — 65	−340 −530	−190 −380	−140 −330	−100 −174	−60 −106	−30 −60	−10 −29	0 −13	0 −19	0 −30	0 −46	0 −74	0 −120	0 −190	0 −300	±9.5	+21 +2	+30 +11	+39 +20	+51 +32	+60 +41	+72 +53	+85 +66	+106 +87	+121 +102	+141 +122	+165 +146	+191 +172
65 — 80	−360 −550	−200 −390	−150 −340																		+62 +43	+78 +59	+94 +75	+121 +102	+139 +120	+165 +146	+193 +174	+229 +210
80 — 100	−380 −600	−220 −440	−170 −390	−120 −207	−72 −126	−36 −71	−12 −34	0 −15	0 −22	0 −35	0 −54	0 −87	0 −140	0 −220	0 −350	±11	+25 +3	+35 +13	+45 +23	+59 +37	+73 +51	+93 +71	+113 +91	+146 +124	+168 +146	+200 +178	+236 +214	+280 +258
100 — 120	−410 −630	−240 −460	−180 −400																	+76 +54	+101 +79	+126 +104	+166 +144	+194 +172	+232 +210	+276 +254	+332 +310

120	140	−460 −710	−260 −510	−200 −450																	+88 +63	+117 +92	+147 +122	+195 +170	+227 +202	+273 +248	+325 +300	+390 +365
140	160	−520 −770	−280 −530	−210 −460	−145 −245	−85 −148	−43 −83	−14 −39	0 −18	0 −25	0 −40	0 −63	0 −100	0 −160	0 −250	0 −400	±12.5	+28 +3	+40 +15	+52 +27	+68 +43	+90 +65	+125 +100	+159 +134	+215 +190	+253 +228	+305 +280	+365 +340	+440 +415
160	180	−580 −830	−310 −560	−230 −480																		+93 +68	+133 +108	+171 +146	+235 +210	+277 +252	+335 +310	+405 +380	+490 +465
180	200	−660 −950	−340 −630	−240 −530																		+106 +77	+151 +122	+195 +166	+265 +236	+313 +284	+379 +350	+454 +425	+549 +520
200	225	−740 −1 030	−380 −670	−260 −550	−170 −285	−100 −172	−50 −96	−15 −44	0 −20	0 −29	0 −46	0 −72	0 −115	0 −185	0 −290	0 −460	±14.5	+33 +4	+46 +17	+60 +31	+79 +50	+109 +80	+159 +130	+209 +180	+287 +258	+339 +310	+414 +385	+499 +470	+604 +575
225	250	−820 −1 110	−420 −710	−280 −570																		+113 +84	+169 +140	+225 +196	+313 +284	+369 +340	+454 +425	+549 +520	+669 +640
250	280	−920 −1 240	−480 −800	−300 −620	−190 −320	−110 −191	−56 −108	−17 −49	0 −23	0 −32	0 −52	0 −81	0 −130	0 −210	0 −320	0 −520	±16	+36 +4	+52 +20	+66 +34	+88 +56	+126 +94	+190 +158	+250 +218	+347 +315	+417 +385	+507 +475	+612 +580	+742 +710
280	315	−1 050 −1 370	−540 −860	−330 −650																		+130 +98	+202 +170	+272 +240	+382 +350	+457 +425	+557 +525	+682 +650	+822 +790
315	355	−1 200 −1 560	−600 −960	−360 −720	−210 −350	−125 −214	−62 −119	−18 −54	0 −25	0 −36	0 −57	0 −89	0 −140	0 −230	0 −360	0 −570	±18	+40 +4	+57 +21	+73 +37	+98 +62	+144 +108	+226 +190	+304 +268	+426 +390	+511 +475	+626 +590	+766 +730	+936 +900
355	400	−1 350 −1 710	−680 −1 040	−400 −760																		+150 +114	+244 +208	+330 +294	+471 +435	+566 +530	+696 +660	+856 +820	+1 036 +1 000
400	450	−1 500 −1 900	−760 −1 160	−440 −840	−230 −385	−135 −232	−68 −131	−20 −60	0 −27	0 −40	0 −63	0 −97	0 −155	0 −250	0 −400	0 −630	±20	+45 +5	+63 +23	+80 +40	+108 +68	+166 +126	+272 +232	+370 +330	+530 +490	+635 +595	+780 +740	+960 +920	+1 140 +1 100
450	500	−1 650 −2 050	−840 −1 240	−480 −880																		+172 +132	+292 +252	+400 +360	+580 +540	+700 +660	+860 +820	+1 040 +1 000	+1 290 +1 250

* 为优先选用的值。

表 2-3-3　孔的极限偏差(摘自 GB/T 1800.2—2020)　　　　　　　　　　　　　　　　　μm

基本偏差代号	A	B	C	D	E	F	G	H						JS			K			M			N		P		R	S	T	U
公差等级																														
公称尺寸/mm 大于 至	11	11	11*	9*	8	8*	7*	8*	9*	10	11*	12	6	7	6	7*	8	7	8	6	7	6	7*	7*	7*	7*	7*	7*
— 3	+330 +270	+200 +140	+120 +60	+45 +20	+28 +14	+20 +6	+12 +2	+10 0	+14 0	+25 0	+40 0	+60 0	+100 0	±3	±5	0 −6	0 −10	0 −14	−2 −8	−2 −12	−4 −10	−4 −14	−6 −12	−6 −16	−10 −20	−14 −24	—	−18 −28
3 6	+345 +270	+215 +140	+145 +70	+60 +30	+38 +20	+28 +10	+16 +4	+12 0	+18 0	+30 0	+48 0	+75 0	+120 0	±4	±6	+2 −6	+3 −9	+5 −13	0 −9	0 −12	−5 −13	−4 −16	−9 −17	−8 −20	−11 −23	−15 −27	—	−19 −31
6 10	+370 +280	+240 +150	+170 +80	+76 +40	+47 +25	+35 +13	+20 +5	+15 0	+22 0	+36 0	+58 0	+90 0	+150 0	±4.5	±7	+2 −7	+5 −10	+6 −16	0 −12	0 −15	−7 −16	−4 −19	−12 −21	−9 −24	−13 −28	−17 −32	—	−22 −37
10 14	+400 +290	+260 +150	+205 +95	+93 +50	+59 +32	+43 +16	+24 +6	+18 0	+27 0	+43 0	+70 0	+110 0	+180 0	±5.5	±9	+2 −9	+6 −12	+8 −19	0 −15	0 −18	−9 −20	−5 −23	−15 −26	−11 −29	−16 −34	−21 −39	—	−26 −44
14 18																														
18 24	+430 +300	+290 +160	+240 +110	+117 +65	+73 +40	+53 +20	+28 +7	+21 0	+33 0	+52 0	+84 0	+130 0	+210 0	±6.5	±10	+2 −11	+6 −15	+10 −23	0 −17	0 −21	−11 −24	−7 −28	−18 −31	−14 −35	−20 −41	−27 −48	−33 −54	−33 −54
24 30																													−39 −64	−40 −61
30 40	+470 +310	+330 +170	+280 +120	+142 +80	+89 +50	+64 +25	+34 +9	+25 0	+39 0	+62 0	+100 0	+160 0	+250 0	±8	±12	+3 −13	+7 −18	+12 −27	0 −20	0 −25	−12 −28	−8 −33	−21 −37	−17 −42	−25 −50	−34 −59	−45 −70	−51 −79
40 50	+480 +320	+340 +180	+290 +130																								−55 −85	−61 −86
50 65	+530 +340	+380 +190	+330 +140	+174 +100	+106 +60	+76 +30	+40 +10	+30 0	+46 0	+74 0	+120 0	+190 0	+300 0	±9.5	±15	+4 −15	+9 −21	+14 −32	0 −24	0 −30	−14 −33	−9 −39	−26 −45	−21 −51	−30 −60	−42 −72	−64 −94	−76 −106
65 80	+550 +360	+390 +200	+340 +150																						−32 −62	−48 −78	−85 −113	−91 −121
80 100	+600 +380	+440 +220	+390 +170	+207 +120	+125 +72	+90 +36	+47 +12	+35 0	+54 0	+87 0	+140 0	+220 0	+350 0	±11	±17	+4 −18	+10 −25	+16 −38	0 −28	0 −35	−16 −38	−10 −45	−30 −52	−24 −59	−38 −73	−58 −93	−78 −113	−111 −146
100 120	+630 +410	+460 +240	+400 +180																						−41 −76	−66 −101	−91 −126	−131 −166

资料三 极限与配合

基本尺寸/mm (大于–至)																													
大于	至	(1)	(2)	(3)	(4)	(5)	(6)	(7)	(8)	(9)	(10)	(11)	(12)	(13)	(14)	(15)	(16)	(17)	(18)	(19)	(20)	(21)	(22)	(23)	(24)	(25)	(26)	(27)	(28)
120	140	−155/−195	−107/−147	−77/−117	−48/−88	−28/−68	−36/−61	−12/−52	−20/−45	0/−40	+20/−43	+12/−28	+4/−21	±20	±12.5	+400/0	+250/0	+160/0	+100/0	+63/0	+40/0	+25/0	+54/+14	+106/+43	+148/+85	+245/+145	+450/+200	+510/+260	+710/+460
140	160	−175/−215	−119/−159	−85/−125	−50/−90	−28/−68	−36/−61	−12/−52	−20/−45	0/−40	+20/−43	+12/−28	+4/−21	±20	±12.5	+400/0	+250/0	+160/0	+100/0	+63/0	+40/0	+25/0	+54/+14	+106/+43	+148/+85	+245/+145	+460/+210	+530/+280	+770/+520
160	180	−195/−235	−131/−171	−93/−133	−53/−93	−28/−68	−36/−61	−12/−52	−20/−45	0/−40	+20/−43	+12/−28	+4/−21	±20	±12.5	+400/0	+250/0	+160/0	+100/0	+63/0	+40/0	+25/0	+54/+14	+106/+43	+148/+85	+245/+145	+480/+230	+560/+310	+830/+580
180	200	−219/−265	−149/−195	−105/−151	−60/−106	−33/−79	−41/−70	−14/−60	−22/−51	0/−46	+22/−50	+13/−33	+5/−24	±23	±14.5	+460/0	+290/0	+185/0	+115/0	+72/0	+46/0	+29/0	+61/+15	+122/+50	+172/+100	+285/+170	+530/+240	+630/+340	+950/+660
200	225	−241/−287	−163/−209	−113/−159	−63/−109	−33/−79	−41/−70	−14/−60	−22/−51	0/−46	+22/−50	+13/−33	+5/−24	±23	±14.5	+460/0	+290/0	+185/0	+115/0	+72/0	+46/0	+29/0	+61/+15	+122/+50	+172/+100	+285/+170	+550/+260	+670/+380	+1030/+740
225	250	−267/−313	−179/−225	−123/−169	−67/−113	−33/−79	−41/−70	−14/−60	−22/−51	0/−46	+22/−50	+13/−33	+5/−24	±23	±14.5	+460/0	+290/0	+185/0	+115/0	+72/0	+46/0	+29/0	+61/+15	+122/+50	+172/+100	+285/+170	+570/+280	+710/+420	+1110/+820
250	280	−295/−347	−198/−250	−138/−190	−74/−126	−36/−88	−47/−79	−14/−66	−25/−57	0/−52	+25/−56	+16/−36	+5/−27	±26	±16	+520/0	+320/0	+210/0	+130/0	+81/0	+52/0	+32/0	+69/+17	+137/+56	+191/+110	+320/+190	+620/+300	+800/+480	+1240/+920
280	315	−330/−382	−220/−272	−150/−202	−78/−130	−36/−88	−47/−79	−14/−66	−25/−57	0/−52	+25/−56	+16/−36	+5/−27	±26	±16	+520/0	+320/0	+210/0	+130/0	+81/0	+52/0	+32/0	+69/+17	+137/+56	+191/+110	+320/+190	+650/+330	+860/+540	+1370/+1050
315	355	−369/−426	−247/−304	−169/−226	−87/−144	−41/−98	−51/−87	−16/−73	−26/−62	0/−57	+28/−61	+17/−40	+7/−29	±28	±18	+570/0	+360/0	+230/0	+140/0	+89/0	+57/0	+36/0	+75/+18	+151/+62	+214/+125	+350/+210	+720/+360	+960/+600	+1560/+1200
355	400	−414/−471	−273/−330	−187/−244	−93/−150	−41/−98	−51/−87	−16/−73	−26/−62	0/−57	+28/−61	+17/−40	+7/−29	±28	±18	+570/0	+360/0	+230/0	+140/0	+89/0	+57/0	+36/0	+75/+18	+151/+62	+214/+125	+350/+210	+760/+400	+1040/+680	+1710/+1350
400	450	−467/−530	−307/−370	−209/−272	−103/−166	−45/−108	−55/−95	−17/−80	−27/−67	0/−63	+29/−68	+18/−45	+8/−32	±31	±20	+630/0	+400/0	+250/0	+155/0	+97/0	+63/0	+40/0	+83/+20	+165/+68	+232/+135	+385/+230	+840/+440	+1160/+760	+1900/+1500
450	500	−517/−580	−337/−400	−229/−292	−109/−172	−45/−108	−55/−95	−17/−80	−27/−67	0/−63	+29/−68	+18/−45	+8/−32	±31	±20	+630/0	+400/0	+250/0	+155/0	+97/0	+63/0	+40/0	+83/+20	+165/+68	+232/+135	+385/+230	+880/+480	+1240/+840	+2050/+1650

*为优先选用的值。

资料四 几何公差

表 2-4-1　　　　　几何特征符号（摘自 GB/T 1182—2018）

公差类型	几何特征	符　号	有无基准
形状公差	直线度	—	无
	平面度	▱	无
	圆度	○	无
	圆柱度	⌭	无
	线轮廓度	⌒	无
	面轮廓度	⌓	无
方向公差	平行度	∥	有
	垂直度	⊥	有
	倾斜度	∠	有
	线轮廓度	⌒	有
	面轮廓度	⌓	有
位置公差	位置度	⊕	有或无
	同心度（用于中心点）	◎	有
	同轴度（用于轴线）	◎	有
	对称度	═	有
	线轮廓度	⌒	有
	面轮廓度	⌓	有
跳动公差	圆跳动	↗	有
	全跳动	⌮	有

表 2-4-2　　直线度、平面度公差（摘自 GB/T 1184—1996）　　μm

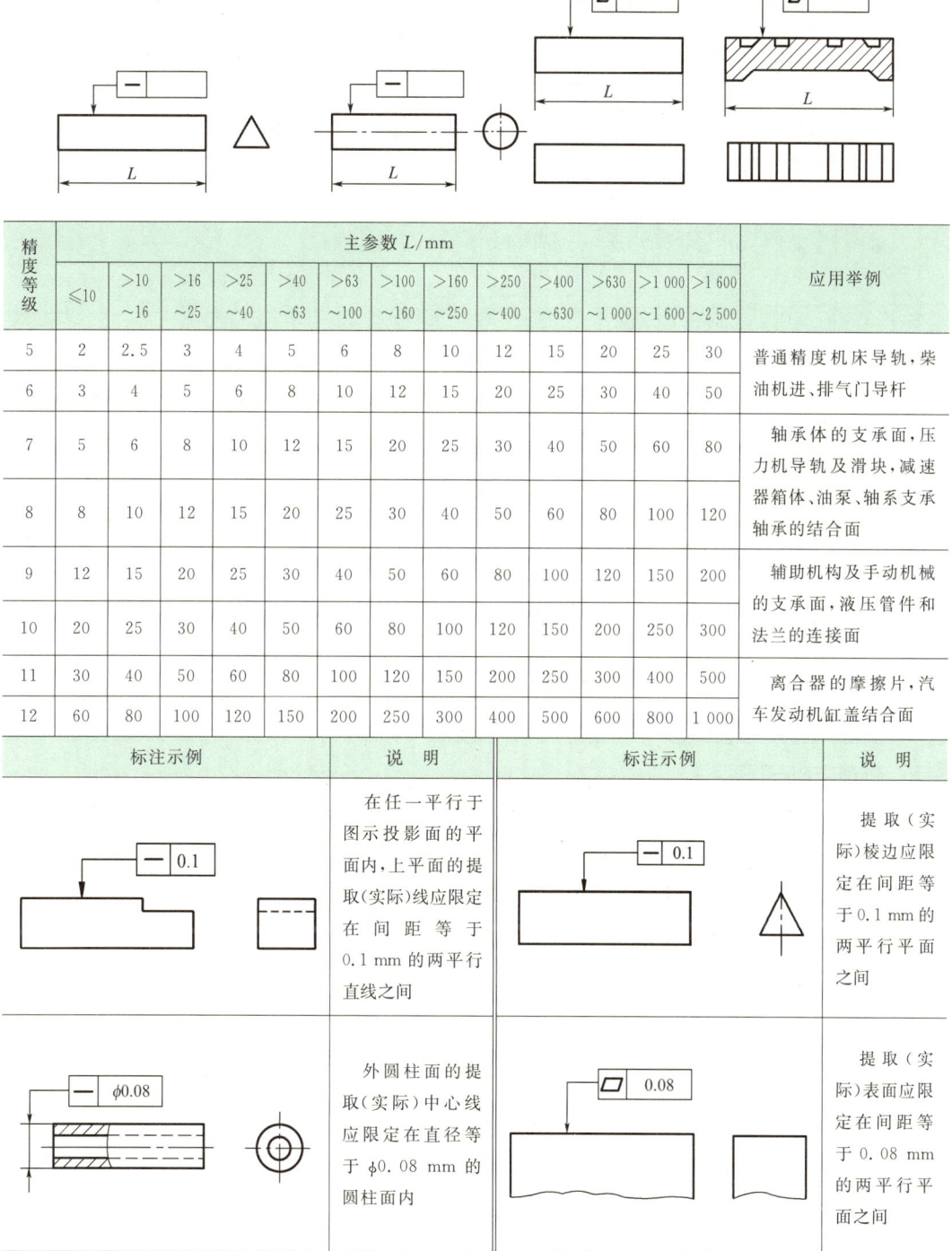

精度等级	主参数 L/mm											应用举例
	≤10	>10~16	>16~25	>25~40	>40~63	>63~100	>100~160	>160~250	>250~400	>400~630	>630~1000	>1000~1600	>1600~2500	
5	2	2.5	3	4	5	6	8	10	12	15	20	25	30	普通精度机床导轨,柴油机进、排气门导杆
6	3	4	5	6	8	10	12	15	20	25	30	40	50	
7	5	6	8	10	12	15	20	25	30	40	50	60	80	轴承体的支承面,压力机导轨及滑块,减速器箱体、油泵、轴系支承轴承的结合面
8	8	10	12	15	20	25	30	40	50	60	80	100	120	
9	12	15	20	25	30	40	50	60	80	100	120	150	200	辅助机构及手动机械的支承面,液压管件和法兰的连接面
10	20	25	30	40	50	60	80	100	120	150	200	250	300	
11	30	40	50	60	80	100	120	150	200	250	300	400	500	离合器的摩擦片,汽车发动机缸盖结合面
12	60	80	100	120	150	200	250	300	400	500	600	800	1000	

标注示例	说　明	标注示例	说　明
─ 0.1	在任一平行于图示投影面的平面内,上平面的提取(实际)线应限定在间距等于 0.1 mm 的两平行直线之间	─ 0.1	提取(实际)棱边应限定在间距等于 0.1 mm 的两平行平面之间
─ φ0.08	外圆柱面的提取(实际)中心线应限定在直径等于 φ0.08 mm 的圆柱面内	▱ 0.08	提取(实际)表面应限定在间距等于 0.08 mm 的两平行平面之间

注:1. 主参数 L 指被测要素的长度。
　　2. 应用举例不属于 GB/T 1184—1996,供参考。

表 2-4-3　　　　　　　圆度、圆柱度公差（摘自 GB/T 1184－1996）　　　　　　μm

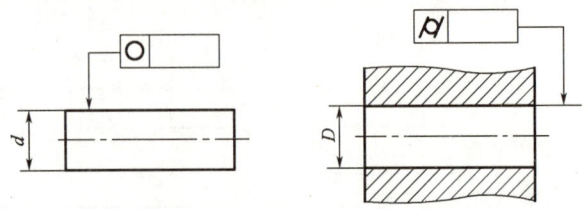

精度等级	主参数 $d(D)$/mm									应用举例
	>10 ~18	>18 ~30	>30 ~50	>50 ~80	>80 ~120	>120 ~180	>180 ~250	>250 ~315	>315 ~400	>400 ~500	
5	2	2.5	2.5	3	4	5	7	8	9	10	安装 P6、P0 级滚动轴承的配合面，中等压力下的液压装置工作面（包括泵、压缩机的活塞和气缸），风动纹车曲轴，通用减速器轴颈，一般机床主轴
6	3	4	4	5	6	8	10	12	13	15	
7	5	6	7	8	10	12	14	16	18	20	发动机的胀圈、活塞销及连杆中装衬套的孔等，千斤顶或压力油缸活塞，水泵及减速器轴颈，液压传动系统的分配机构，拖拉机气缸体与气缸套配合面，炼胶机冷铸轧辊
8	8	9	11	13	15	18	20	23	25	27	
9	11	13	16	19	22	25	29	32	36	40	起重机、卷扬机用的滑动轴承，带软密封的低压泵的活塞和气缸。通用机械杠杆与拉杆，拖拉机的活塞环与套筒孔
10	18	21	25	30	35	40	46	52	57	63	
11	27	33	39	46	54	63	72	81	89	97	
12	43	52	62	74	87	100	115	130	140	155	

标注示例	说　明
○ 0.03	在圆柱面的任意横截面内，提取（实际）圆周应限定在半径差等于 0.03 mm 的两共面同心圆之间
○ 0.1	在圆锥面的任意横截面内，提取（实际）圆周应限定在半径差等于 0.1 mm 的两同心圆之间
⌭ 0.1	提取（实际）圆柱面应限定在半径差等于 0.1 mm 的两同轴圆柱面之间

注：1. 主参数 $d(D)$ 为被测轴（孔）的直径。
　　2. 应用举例不属于 GB/T 1184－1996，仅供参考。

表 2-4-4　　　　　　平行度、垂直度、倾斜度公差(摘自 GB/T 1184—1996)　　　　　　m

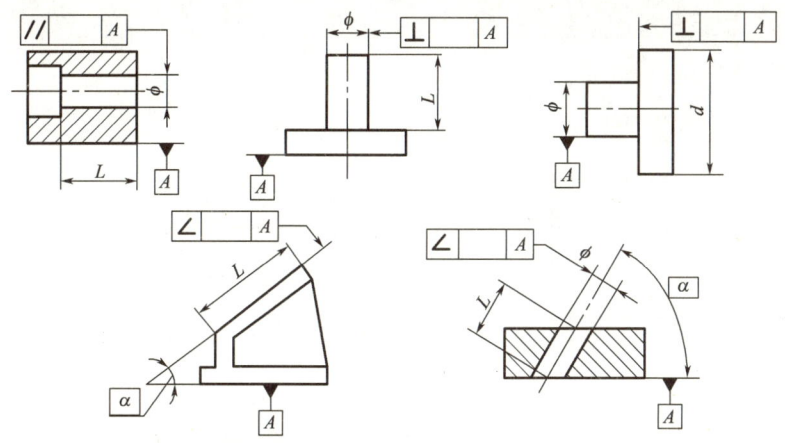

精度等级	主参数 L、d(D)/mm													应用举例	
	≤10	>10~16	>16~25	>25~40	>40~63	>63~100	>100~160	>160~250	>250~400	>400~630	>630~1 000	>1 000~1 600	>1 600~2 500	平行度	垂直度
7	12	15	20	25	30	40	50	60	80	100	120	150	200	一般机床零件的工作面或基准面,压力机和锻锤的工作面,中等精度钻模的工作面,一般刀、量、模具。机床一般轴承孔对基准面的要求,床头箱一般孔间要求,气缸轴线,变速器箱孔,主轴花键对定心直径,重型机械轴承盖的端面,卷扬机、手动传动装置中的传动轴	低精度机床主要基准面和工作面、回转工作台端面,一般导轨,主轴箱体孔,刀架、砂轮架及工作台回转中心,机床轴肩、气缸配合面对其轴线,活塞销孔对活塞中心线以及 P6、P0 级轴承壳体孔的轴线等
8	20	25	30	40	50	60	80	100	120	150	200	250	300		
9	30	40	50	60	80	100	120	150	200	250	300	400	500	低精度零件,重型机械滚动轴承端盖。柴油机和煤气发动机的曲轴孔、轴颈等	花键轴轴肩端面、带式输送机法兰盘等端面对轴心线,手动卷扬机、传动装置中轴承端面,减速器壳体平面等
10	50	60	80	100	120	150	200	250	300	400	500	600	800		

续表

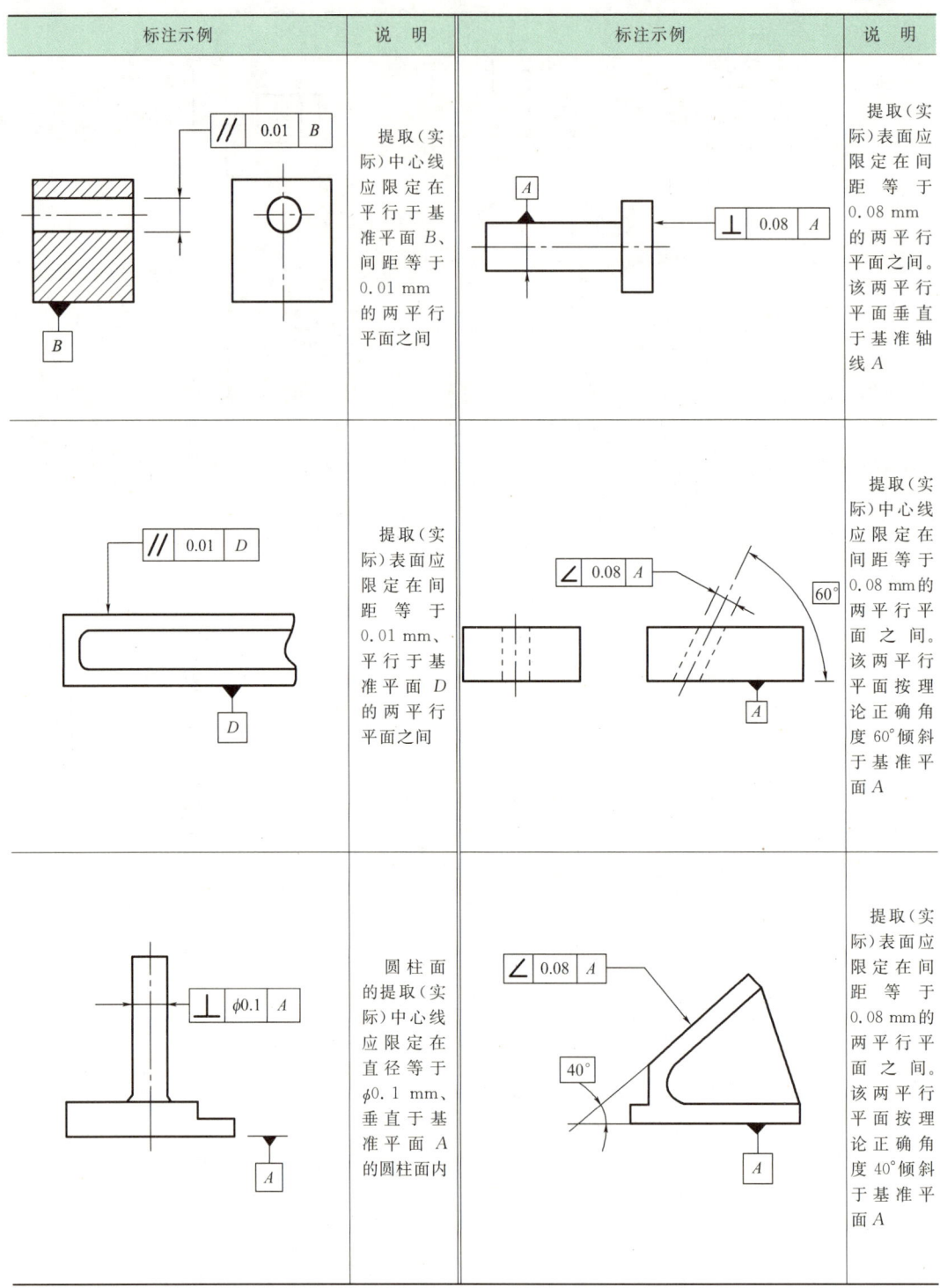

标注示例	说明	标注示例	说明
	提取(实际)中心线应限定在平行于基准平面 B、间距等于 0.01 mm 的两平行平面之间		提取(实际)表面应限定在间距等于 0.08 mm 的两平行平面之间。该两平行平面垂直于基准轴线 A
	提取(实际)表面应限定在间距等于 0.01 mm、平行于基准平面 D 的两平行平面之间		提取(实际)中心线应限定在间距等于 0.08 mm 的两平行平面之间。该两平行平面按理论正确角度 60°倾斜于基准平面 A
	圆柱面的提取(实际)中心线应限定在直径等于 ϕ0.1 mm、垂直于基准平面 A 的圆柱面内		提取(实际)表面应限定在间距等于 0.08 mm 的两平行平面之间。该两平行平面按理论正确角度 40°倾斜于基准平面 A

注:1. 主参数 L、$d(D)$ 分别为被测要素的长度和直径。
　　2. 应用举例不属于 GB/T 1184—1996,仅供参考。

资料四 几何公差

表 2-4-5 　　轴度、对称度、圆跳动、全跳动公差（摘自 GB/T 1184—1996）　　μm

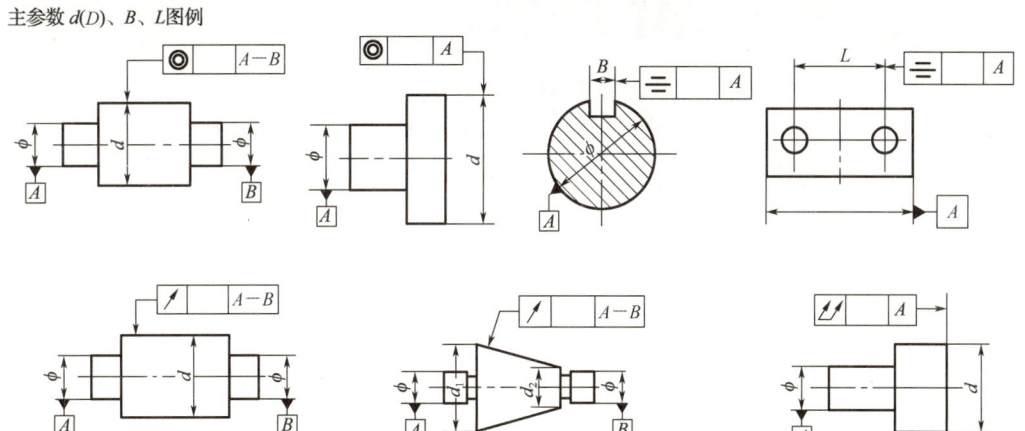

主参数 $d(D)$、B、L 图例

精度等级	主参数 $d(D)$、B、L/mm										应用举例
	>3 ~6	>6 ~10	>10 ~18	>18 ~30	>30 ~50	>50 ~120	>120 ~250	>250 ~500	>500 ~800	>800 ~1 250	>1 250 ~2 000
7	8	10	12	15	20	25	30	40	50	60	80	8级和9级精度齿轮轴的配合面，拖拉机发动机分配轴轴颈，普通精度高速轴（1 000 r/min 以下），长度在1 m 以下的主传动轴，起重运输机的鼓轮配合孔和导轮的滚动面
8	12	15	20	25	30	40	50	60	80	100	120	
9	25	30	40	50	60	80	100	120	150	200	250	10级和11级精度齿轮轴的配合面，发动机气缸套配合面，水泵叶轮，离心泵泵件，摩托车活塞，自行车中轴
10	50	60	80	100	120	150	200	250	300	400	500	

标注示例	说　明	标注示例	说　明
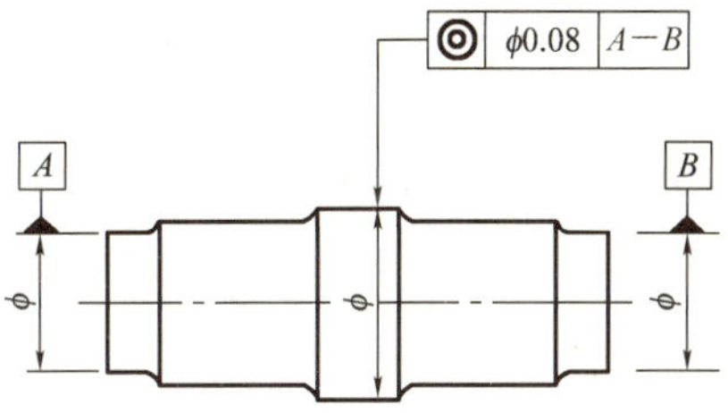 ⊚ φ0.08 A—B	大圆柱面的提取（实际）中心线应限定在直径等于 φ0.08 mm，以公共基准轴线 A—B 为轴线的圆柱面内	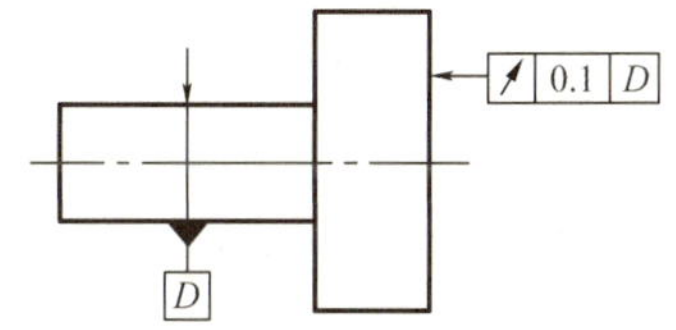 ↗ 0.1 D	在与基准轴线 D 同轴的任一圆柱形截面上，提取（实际）圆应限定在轴向距离等于 0.1 mm 的两个等圆之间
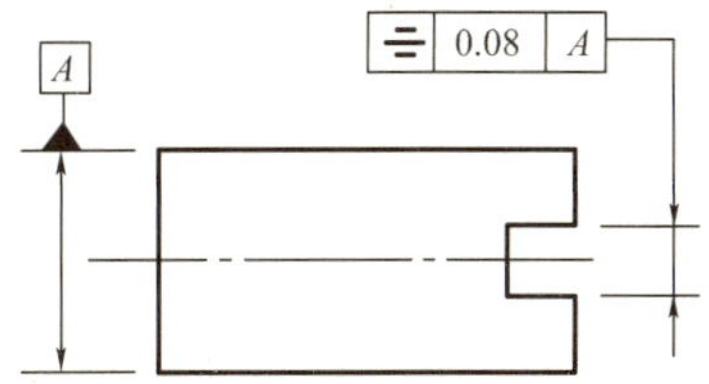 ⌯ 0.08 A	提取（实际）中心面应限定在间距等于 0.08 mm，对称于基准中心平面 A 的两平行平面之间	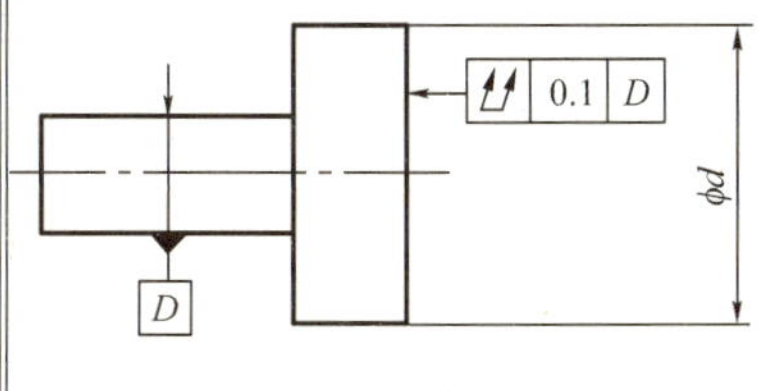 ⌰ 0.1 D	提取（实际）表面应限定在间距等于 0.1 mm，垂直于基准轴线 D 的两平行平面之间

注：1. 主参数 $d(D)$、B、L 分别为被测要素的直径、宽度及间距。
　　2. 应用举例不属于 GB/T 1184—1996，仅供参考。

资料五 表面粗糙度

表 2-5-1　　表面粗糙度主要评定参数 Ra、Rz 的数值系列（摘自 GB/T 1031—2009）　　μm

Ra					Rz				
0.012	0.2	3.2	50		0.025	0.4	6.3	100	1 600
0.025	0.4	6.3	100		0.05	0.8	12.5	200	—
0.05	0.8	12.5	—		0.1	1.6	25	400	
0.1	1.6	25	—		0.2	3.2	50	800	

注：1. 在幅度参数（峰和谷）常用的参数值范围内（Ra 为 0.025～6.3 μm，Rz 为 0.1～25 μm），推荐优先选用 Ra。
　　2. 根据表面功能和生产的经济合理性，当选用表 2-5-1 的数值系列不能满足要求时，可选取表 2-5-2 中的补充系列值。

表 2-5-2　　表面粗糙度主要评定参数 Ra、Rz 的补充系列值（摘自 GB/T 1031—2009）　　μm

Ra					Rz				
0.008	0.080	1.00	10.0		0.032	0.50	8.0	125	
0.010	0.125	1.25	16.0		0.040	0.63	10.0	160	
0.016	0.160	2.0	20		0.063	1.00	16.0	250	
0.020	0.25	2.5	32		0.080	1.25	20	320	
0.032	0.32	4.0	40		0.125	2.0	32	500	
0.040	0.50	5.0	63		0.160	2.5	40	630	
0.063	0.63	8.0	80		0.25	4.0	63	1 000	
					0.32	5.0	80	1 250	

表 2-5-3　　加工方法与表面粗糙度 Ra 的关系　　μm

加工方法		Ra	加工方法		Ra	加工方法		Ra
砂模铸造		80～20*	铰孔	粗铰	40～20	齿轮加工	插削	5～1.25*
模型锻造		80～10		半精铰、精铰	2.5～0.32*		滚齿	2.5～1.25*
车外圆	粗车	20～10	拉削	半精拉	2.5～0.63		剃齿	1.25～0.32*
	半精车	10～2.5		精拉	0.32～0.16	切螺纹	板牙	10～2.5
	精车	1.25～0.32	刨削	粗刨	20～10		铣	5～1.25*
镗孔	粗镗	40～10		精刨	1.25～0.63		磨削	2.5～0.32*
	半精镗	2.5～0.63*	钳工加工	粗锉	40～10		镗磨	0.32～0.04
	精镗	0.63～0.32		细锉	10～2.5		研磨	0.63～0.16
圆柱铣和端铣	粗铣	20～5*		刮削	2.5～0.63		精研磨	0.08～0.02
	精铣	1.25～0.63*		研磨	1.25～0.08	抛光	一般抛	1.25～0.16
钻孔、扩孔		20～5		插削	40～2.5		精抛	0.08～0.04
锪孔、锪端面		5～1.25		磨削	5～0.01*			

＊为该加工方法可达到的 Ra 极限值。
注：表中数据系指钢材加工而言。

资料五　表面粗糙度

表 2-5-4　　　　表面粗糙度图形符号(摘自 GB/T 131—2006)

图形符号	意　义	补充要求的注写位置
✓	基本图形符号,仅用于简化代号标注,没有补充说明时不能单独使用。如果基本图形符号与补充的或辅助的说明一起使用,则不需要进一步说明为了获得指定的表面是否去除材料或不去除材料	
⩔	扩展图形符号,要求去除材料的图形符号,在基本图形符号上加一短横,表示指定表面是用去除材料的方法获得的,如通过机械加工获得的表面	位置 a:注写表面结构的单一要求 位置 a 和 b:注写两个或多个表面结构要求 位置 c:注写加工方法 位置 d:注写表面纹理和方向 位置 e:注写加工余量
⩗	扩展图形符号,不允许去除材料的图形符号,在基本图形符号上加一个圆圈,表示指定表面是用不去除材料的方法获得的	
✓̄　⩔̄　⩗̄	完整图形符号,在上述三个图形符号的长边上加一横线,用于标注表面粗糙度的补充信息	
✓̊　⩔̊　⩗̊	在上述三个完整图形符号上加一圆圈,标注在图样中工件的封闭轮廓线上,表示图样某个视图上构成封闭轮廓的各表面有相同的表面粗糙度要求。如果标注会引起歧义,各表面应分别标注	

表 2-5-5　　　　　　　　　表面粗糙度参数 Ra 值的标注

图形符号	意　义
∇ Ra 6.3	表示任意加工方法，单向上限值，默认传输带，R 轮廓，算术平均偏差为 6.3 μm，评定长度为 5 个取样长度（默认），"16%规则"（默认）
▽ Ra 6.3	表示去除材料，单向上限值，默认传输带，R 轮廓，算术平均偏差为 6.3 μm，评定长度为 5 个取样长度（默认），"16%规则"（默认）
◯ Ra 6.3	表示不允许去除材料，单向上限值，默认传输带，R 轮廓，算术平均偏差为 6.3 μm，评定长度为 5 个取样长度（默认），"16%规则"（默认）
◯ U Ra max 6.3　L Ra 1.6	表示不允许去除材料，双向极限值，两个极限值使用默认传输带，R 轮廓，上限值：算术平均偏差为 6.3 μm，评定长度为 5 个取样长度（默认），"最大规则"；下限值：算术平均偏差为 1.6 μm，评定长度为 5 个取样长度（默认），"16%规则"（默认）

表 2-5-6　　　　　　　表面粗糙度标注方法（摘自 GB/T 131—2006）

说明	表面粗糙度标注总的原则是使表面粗糙度的注写和读取方向与尺寸的注写和读取方向一致	表面粗糙度要求可标注在轮廓线上，其符号应从材料外指向并接触表面
图例	（图：标注 Ra 0.8、Rz 3.2、Rz 12.5、Rp 1.6 的矩形）	（图：标注 Rz 12.5、Ra 1.6、Rz 6.3、Ra 1.6、Rz 12.5、Rz 6.3 的菱形结构）
说明	表面粗糙度符号也可用带箭头或黑点的指引线引出标注	在不致引起误解时，表面粗糙度要求可以标注在给定的尺寸线上
图例	（图：铣 Rz 3.2；车 Rz 3.2；φ28）	（图：φ120H7 Rz 12.5；φ120h6 Rz 6.3）

资料五 表面粗糙度

续表

说明	表面粗糙度要求可标注在几何公差框格的上方	圆柱和棱柱表面的表面粗糙度要求只标注一次。如果每个棱柱表面有不同的表面粗糙度要求,则应分别单独标注
图例	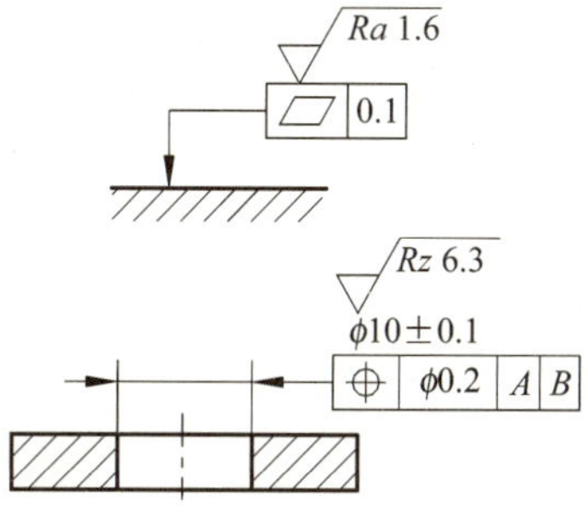	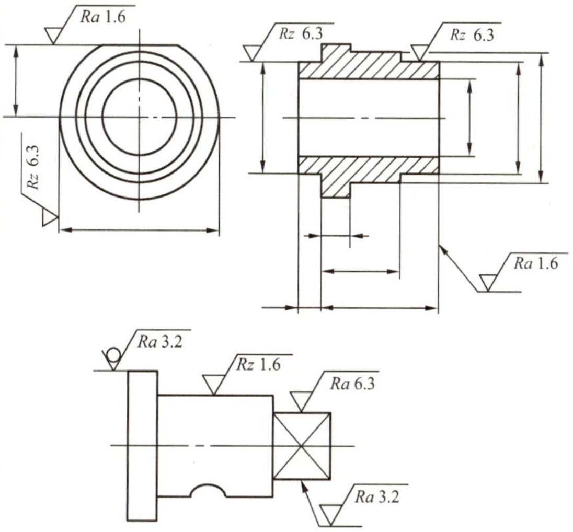
说明	常见的机械结构如圆角、倒角、螺纹、退刀槽、键槽的表面粗糙度要求的标注	由几种不同的工艺方法获得的同一表面,当需要明确每种工艺方法的表面粗糙度要求时的标注
图例	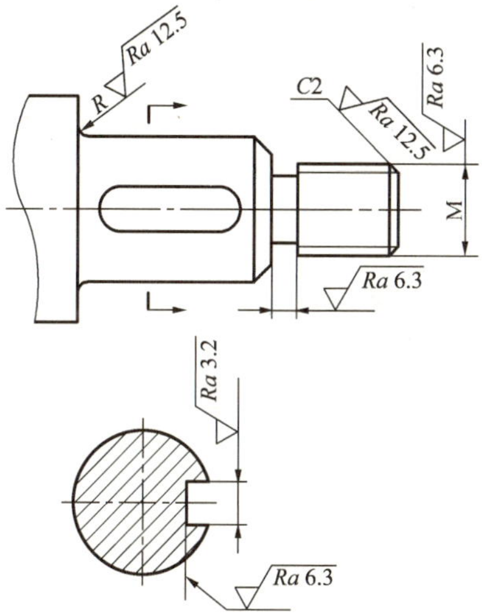	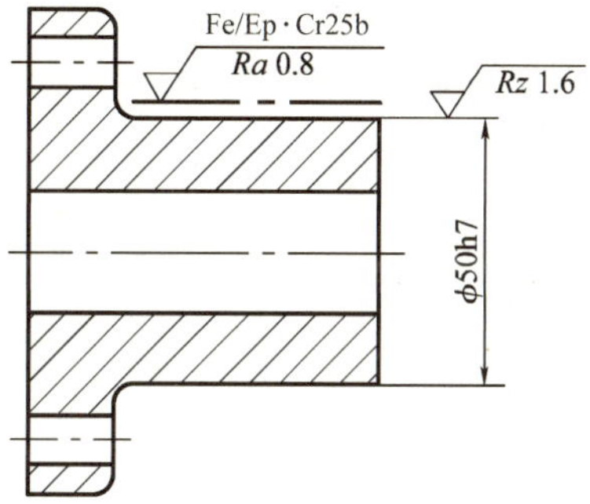

续表

说明	如果工件的多数（包括全部）表面有相同的表面粗糙度要求（不包括全部表面有相同要求的情况），则其表面粗糙度要求可统一标注在图样的标题栏附近	当多个表面具有相同的表面粗糙度要求或图纸空间有限时，可采用简化标注法。可用带字母的完整符号指向零件表面，或只用表面粗糙度符号指向零件表面，再以等式的形式在图形或标题栏附近对多个表面相同的表面粗糙度要求进行标注
图例	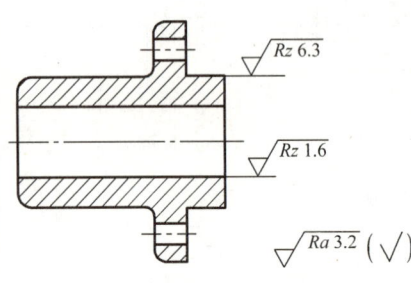 在圆括号内给出无任何其他标注的基本符号 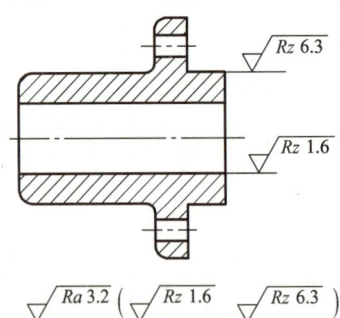 在圆括号内给出不同的表面粗糙度要求	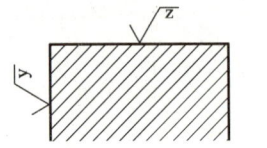

资料六 螺纹连接

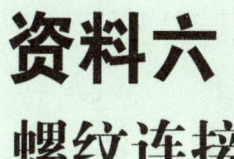

表 2-6-1　　　普通螺纹公称尺寸(摘自 GB/T 192—2003、GB/T 196—2003)　　　mm

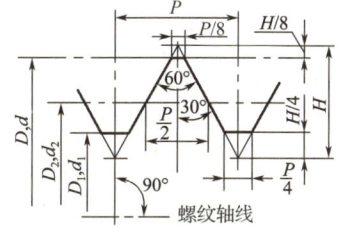

$H=0.866P$
$d_2=d-0.6495P$
$D_2=D-0.6495P$
$d_1=d-1.0825P$
$D_1=D-1.0825P$
D、d—内、外螺纹公称直径
D_2、d_2—内、外螺纹中径
D_1、d_1—内、外螺纹小径
P—螺距

标记示例：
　　M20—6H(公称直径为 20 mm 的粗牙右旋内螺纹，中径和大径的公差带均为 6H)
　　M20—6g(公称直径为 20 mm 的粗牙右旋外螺纹，中径和大径的公差带均为 6g)
　　M20—6H/6g(上述规格的螺纹副)
　　M20×2 左—5g6g—S(公称直径为 20 mm、螺距为 2 mm 的细牙左旋外螺纹，中径、大径的公差带分别为 5g、6g，短旋合长度)

公称直径 D、d	螺距 P	中径 D_2、d_2	小径 D_1、d_1	公称直径 D、d	螺距 P	中径 D_2、d_2	小径 D_1、d_1
5	0.8	4.480	4.134	17	1.5	16.026	15.376
	0.5	4.675	4.459		1	16.350	15.917
5.5	0.5	5.175	4.959	18	*2.5	16.376	15.294
6	1	5.350	4.917		2	16.701	15.835
	0.75	5.513	5.188		1.5	17.026	16.376
					1	17.350	16.917
7	1	6.350	5.917	20	2.5	18.376	17.294
	0.75	6.513	6.188		2	18.701	17.835
					1.5	19.026	18.376
					1	19.350	18.917
8	1.25	7.188	6.647	22	2.5	20.376	19.294
	1	7.350	6.917		2	20.701	19.835
	0.75	7.513	7.188		1.5	21.026	20.376
					1	21.350	20.917
9	1.25	8.188	7.647	24	3	22.051	20.752
	1	8.350	7.917		2	22.701	21.835
	0.75	8.513	8.188		1.5	23.026	22.376
					1	23.350	22.917
10	1.5	9.026	8.376	25	2	23.701	22.835
	1.25	9.188	8.647		1.5	24.026	23.376
	1	9.350	8.917		1	24.350	23.917
	0.75	9.513	9.188				
11	1.5	10.026	9.376	26	1.5	25.026	24.376
	1	10.350	9.917				
	0.75	10.513	10.188				
12	1.75	10.863	10.106	27	3	25.051	23.752
	1.5	11.026	10.376		2	25.701	24.835
	1.25	11.188	10.647		1.5	26.026	25.376
	1	11.350	10.917		1	26.350	25.917
14	2	12.701	11.835	28	2	26.701	25.835
	1.5	13.026	12.376		1.5	27.026	26.376
	1.25	13.188	12.647		1	27.350	26.917
	1	13.350	12.917				
15	1.5	14.026	13.376	30	3.5	27.727	26.211
	1	14.350	13.917		3	28.051	26.752
					2	28.701	27.835
					1.5	29.026	28.376
					1	29.350	28.917
16	2	14.701	13.835	32	2	30.701	29.835
	1.5	15.026	14.376		1.5	31.026	30.376
	1	15.350	14.917				

表 2-6-2　　　　　六角头螺栓（摘自 GB/T 5782—2016、GB/T 5783—2016）　　　　　mm

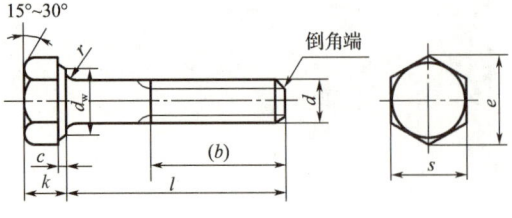

六角头螺栓

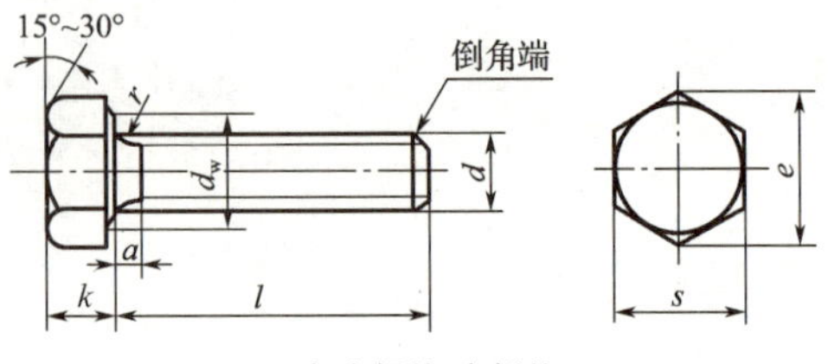

标记示例：

螺纹规格 d = M12、公称长度 l = 80 mm、性能等级为 8.8 级、表面不经处理、产品等级为 A 级的六角头螺栓的标记为

螺栓　GB/T 5782　M12×80

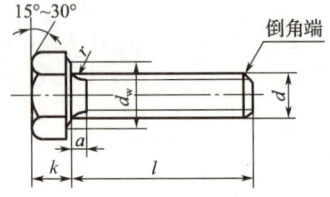

六角头螺栓 全螺纹

标记示例：

螺纹规格为 M12、公称长度 l = 80 mm、全螺纹、性能等级为 8.8 级、表面不经处理、产品等级为 A 级的六角头螺栓的标记为

螺栓　GB/T 5783　M12×80

螺纹规格 d			M3	M4	M5	M6	M8	M10	M12	(M14)	M16	(M18)	M20	(M22)	M24	(M27)	M30	M36
b 参考	l≤125		12	14	16	18	22	26	30	34	38	42	46	50	54	60	66	—
	125<l≤200		18	20	22	24	28	32	36	40	44	48	52	56	60	66	72	84
	l>200		31	33	35	37	41	45	49	53	57	61	65	69	73	79	85	97
a	max		1.50	2.10	2.40	3.00	4.00	4.50	5.30	6.00	6.00	7.50	7.50	7.50	9.00	9.00	10.50	12.00
c	max		0.40	0.40	0.50	0.50	0.60	0.60	0.60	0.60	0.8	0.8	0.8	0.8	0.8	0.8	0.8	0.8
	min		0.15	0.15	0.15	0.15	0.15	0.15	0.15	0.15	0.2	0.2	0.2	0.2	0.2	0.2	0.2	0.2
d_w	min	A	4.57	5.88	6.88	8.88	11.63	14.63	16.63	19.64	22.49	25.34	28.19	31.71	33.61	—	—	—
		B	4.45	5.74	6.74	8.74	11.47	14.47	16.47	19.15	22	24.85	27.7	31.35	33.25	38	42.75	51.11
e	min	A	6.01	7.66	8.79	11.05	14.38	17.77	20.03	23.36	26.75	30.14	33.53	37.72	39.98	—	—	—
		B	5.88	7.50	8.63	10.89	14.20	17.59	19.85	22.78	26.17	29.56	32.95	37.29	39.55	45.2	50.85	60.79
k	公称		2	2.8	3.5	4	5.3	6.4	7.5	8.8	10	11.5	12.5	14	15	17	18.7	22.5
r	min		0.10	0.20	0.20	0.25	0.40	0.40	0.60	0.60	0.60	0.60	0.80	0.80	0.80	1.00	1.00	1.00
s	公称=max		5.5	7	8	10	13	16	18	21	24	27	30	34	36	41	46	55
l			20~30	25~40	25~50	30~60	40~80	45~100	50~120	60~140	65~160	70~180	80~200	90~220	90~240	100~260	110~300	140~360
l（全螺纹）			6~30	8~40	10~50	12~60	16~80	20~100	25~100	30~140	35~150	35~150	40~150	45~150	50~150	55~200	60~200	70~200
l 系列			6,8,10,12,16,20~70（5 进位），80~160（10 进位），180~360（20 进位）															
技术条件		材料	力学性能等级			螺纹公差		公差产品等级						表面处理				
		钢	8.8			6g		A 级用于 d≤24 和 l≤10d 或 l≤150 B 级用于 d>24 和 l>10d 或 l>150						氧化或镀锌钝化				

注：1. A、B 为产品等级，A 级最精确，C 级最不精确。C 级产品详见 GB/T 5780—2016、GB/T 5781—2016。

2. l 系列中，M14 中的 55、65，M18 和 M20 中的 65，全螺纹中的 55、65 等规格尽量不采用。

3. 括号内为第二系列螺纹直径规格，尽量不采用。

表 2-6-3　六角头加强杆螺栓(摘自 GB/T 27—2013)　　mm

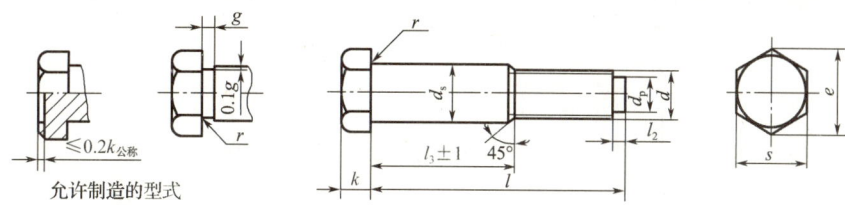

允许制造的型式

标记示例：

螺纹规格 d＝M12，d_s 尺寸按本表规定，公称长度 l＝80 mm，性能等级为 8.8 级、表面氧化处理、产品等级为 A 级的六角头加强杆螺栓的标记为

　螺栓　GB/T 27　M12×80

当 d_s 按 m6 制造，其余条件同上时，应标记为

　螺栓　GB/T 27　M12m6×80

螺纹规格 d			M6	M8	M10	M12	(M14)	M16	(M18)	M20	(M22)	M24	(M27)	M30	M36
d_s(h9)		max	7	9	11	13	15	17	19	21	23	25	28	32	38
s		max	10	13	16	18	21	24	27	30	34	36	41	46	55
k		公称	4	5	6	7	8	9	10	11	12	13	15	17	20
r		min	0.25	0.4	0.4	0.6	0.6	0.6	0.6	0.8	0.8	0.8	1	1	1
d_p			4	5.5	7	8.5	10	12	13	15	17	18	21	23	28
l_2			\multicolumn{3}{l	}{1.5}	\multicolumn{2}{l	}{2}	\multicolumn{2}{l	}{3}	\multicolumn{3}{l	}{4}	\multicolumn{2}{l	}{5}	6
e	min	A	11.05	14.38	17.77	20.03	23.35	26.75	30.14	33.53	37.72	39.98	—	—	—
		B	10.89	14.20	17.59	19.85	22.78	26.17	29.56	32.95	37.29	39.55	45.2	50.85	60.79
g			\multicolumn{4}{l	}{2.5}	\multicolumn{5}{l	}{3.5}	\multicolumn{5}{l	}{5}
l_3			13～53	10～65	12～102	13～158	15～155	17～172	20～170	23～168	25～165	27～162	33～158	30～180	35～245
l			25～65	25～80	30～120	35～180	40～180	45～200	50～200	55～200	60～200	65～200	75～200	80～230	90～300
l 系列			\multicolumn{13}{l	}{25,(28),30,(32),35,(38),40,45,50,(55),60,(65),70,(75),80,85,90,(95),100～260(10 进位),280,300}

注：1. 尽可能不采用括号内的规格。

　　2. 根据使用要求，螺杆上无螺纹部分的杆径 d_s 允许按 m6、u8 制造。

　　3. 螺杆上无螺纹部分(d_s)末端倒角 45°，根据制造工艺要求，允许制成大于 45°、小于 1.5P(粗牙螺纹螺距)的颈部。

表 2-6-4　　　　　　　六角头螺杆带孔螺栓（摘自 GB/T 31.1—2013）　　　　　　　　　mm

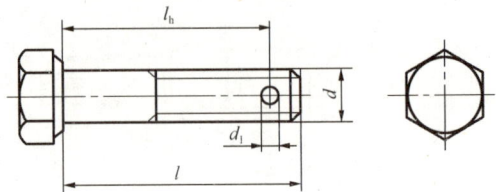

标记示例：

螺纹规格 $d=$ M12、公称长度 $l=60$ mm、性能等级为 8.8 级、表面氧化处理、产品等级为 A 级的螺杆带 3.2 mm 开口销孔的六角头螺杆带孔螺栓的标记为

螺栓　GB/T 31.1　M12×60

该螺栓是在 GB/T 5782 的杆部制出开口销孔，其余的形式与尺寸按 GB/T 5782，参见表 2-6-2。

螺纹规格 d		M6	M8	M10	M12	(M14)	M16	(M18)	M20	(M22)	M24	(M27)	M30	M36
d_1	max	1.85	2.25	2.75	3.5	3.5	4.3	4.3	4.3	5.3	5.3	5.3	6.66	6.66
	min	1.6	2	2.5	3.2	3.2	4	4	4	5	5	5	6.3	6.3

注：尽可能不采用括号内的规格。

表 2-6-5　　　　　　　双头螺柱（摘自 GB/T 897～900—1988）　　　　　　　　　　mm

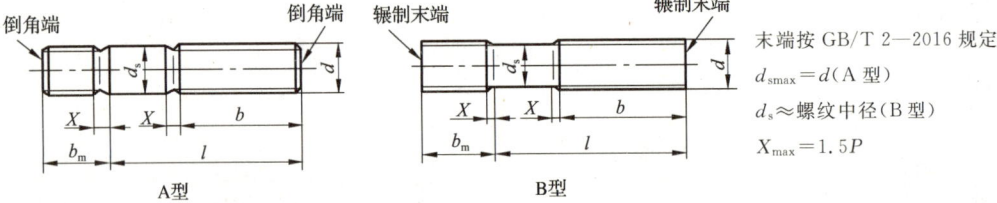

标记示例：

两端均为粗牙普通螺纹，$d=10$ mm，$l=50$ mm、性能等级为 4.8 级、不经表面处理、B 型、$b_m=1.25d$ 的双头螺柱的标记为

螺柱　GB/T 898　M10×50

旋入机体一端为粗牙普通螺纹，旋螺母一端为螺距 $P=1$ mm 的细牙普通螺纹，$d=10$ mm，$l=50$ mm、性能等级为 4.8 级、不经表面处理、A 型、$b_m=1.25d$ 的双头螺柱的标记为

螺柱　GB/T 898　AM10—M10×1×50

旋入机体一端为过渡配合螺纹的第一种配合，旋螺母一端为粗牙普通螺纹，$d=10$ mm，$l=50$ mm、性能等级为 8.8 级、镀锌钝化、B 型、$b_m=1.25d$ 的双头螺柱的标记为

螺柱　GB/T 898　GM10—M10×50—8.8—Zn·D

螺纹规格 d		M5	M6	M8	M10	M12	(M14)	M16
b_m（公称）	$b_m=d$	5	6	8	10	12	14	16
	$b_m=1.25d$	6	8	10	12	15	18	20
	$b_m=1.5d$	8	10	12	15	18	21	24

续表

螺纹规格 d		M5	M6	M8	M10	M12	(M14)	M16
$\dfrac{l(公称)}{b}$		$\dfrac{16\sim22}{10}$	$\dfrac{20\sim22}{10}$	$\dfrac{20\sim22}{12}$	$\dfrac{25\sim28}{14}$	$\dfrac{25\sim30}{16}$	$\dfrac{30\sim35}{18}$	$\dfrac{30\sim38}{20}$
		$\dfrac{25\sim50}{16}$	$\dfrac{25\sim30}{14}$	$\dfrac{25\sim30}{16}$	$\dfrac{30\sim38}{16}$	$\dfrac{32\sim40}{20}$	$\dfrac{38\sim45}{25}$	$\dfrac{40\sim55}{30}$
			$\dfrac{32\sim75}{18}$	$\dfrac{32\sim90}{22}$	$\dfrac{40\sim120}{26}$	$\dfrac{45\sim120}{30}$	$\dfrac{50\sim120}{34}$	$\dfrac{60\sim120}{38}$
					$\dfrac{130}{32}$	$\dfrac{130\sim180}{36}$	$\dfrac{130\sim180}{40}$	$\dfrac{130\sim200}{44}$

螺纹规格 d		(M18)	M20	(M22)	M24	(M27)	M30	M36
b_m(公称)	$b_m=d$	18	20	22	24	27	30	36
	$b_m=1.25d$	22	25	28	30	35	38	45
	$b_m=1.5d$	27	30	33	36	40	45	54
$\dfrac{l(公称)}{b}$		$\dfrac{35\sim40}{22}$	$\dfrac{35\sim40}{25}$	$\dfrac{40\sim45}{30}$	$\dfrac{45\sim50}{30}$	$\dfrac{50\sim60}{35}$	$\dfrac{60\sim65}{40}$	$\dfrac{65\sim75}{45}$
		$\dfrac{45\sim60}{35}$	$\dfrac{45\sim65}{35}$	$\dfrac{50\sim70}{40}$	$\dfrac{55\sim75}{45}$	$\dfrac{65\sim85}{50}$	$\dfrac{70\sim90}{50}$	$\dfrac{80\sim110}{60}$
		$\dfrac{65\sim120}{42}$	$\dfrac{70\sim120}{46}$	$\dfrac{75\sim120}{50}$	$\dfrac{80\sim120}{54}$	$\dfrac{90\sim120}{60}$	$\dfrac{95\sim120}{66}$	$\dfrac{120}{78}$
		$\dfrac{130\sim200}{48}$	$\dfrac{130\sim200}{52}$	$\dfrac{130\sim200}{56}$	$\dfrac{130\sim200}{60}$	$\dfrac{130\sim200}{66}$	$\dfrac{130\sim200}{72}$	$\dfrac{130\sim200}{84}$
						$\dfrac{210\sim250}{85}$		$\dfrac{210\sim300}{97}$
公称长度 l 的系列		16,(18),20,(22),25,(28),30,(32),35,(38),40,45,50,(55),60,(65),70,(75),80,(85),90,(95),100~260(10 进位),280,300						

注:1. 尽可能不采用括号内的规格。GB/T 897 中的 M24、M30 为括号内的规格。
　　2. GB/T 898 为商品紧固件品种,应优先选用。
　　3. 当 $b-b_m\leqslant 5$ mm 时,旋螺母一端应制成倒圆端。

表 2-6-6　　　　　　　　地脚螺栓 A 型(摘自 GB/T 799—2020)　　　　　　　　mm

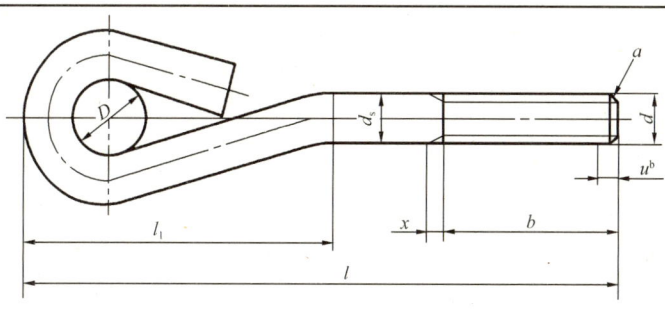

标记示例:
　　螺纹规格 d=M20、公称长度 l=400 mm、机械性能等级为 3.6 级、型式为 A 型、表面不经处理、产品等级为 C 级地脚螺栓的标记为
　　螺栓　GB/T 799　M20×400—A

续表

螺纹规格	M8	M10	M12	M16	M20	M24	M30	M36	M42	M48	M56	M64	M72
b_0^{+2P}	31	36	40	50	58	68	80	94	106	120	140	160	180
l_1	46	65	82	93	127	139	192	244	261	302	343	385	430
D	10	15	20	20	30	30	45	60	60	70	80	90	100
x max	3.2	3.8	4.3	5	6.3	7.5	9	10	11	12.5	14	15	15
螺距 P	1.25	1.5	1.75	2	2.5	3	3.5	4	4.5	5	5.5	6	6
l(公称) 优选	80~200	100~250	120~300	160~500	200~800	250~1 200	300~2 000	400~2 500	500~2 500	600~3 000	800~3 500	1 000~3 500	1 600~3 500

表 2-6-7　　　　　内六角圆柱头螺钉(摘自 GB/T 70.1—2008)　　　　　mm

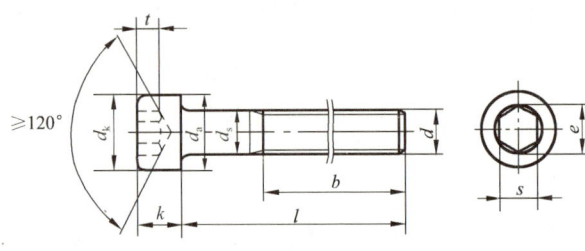

标记示例：
螺纹规格 d = M5、公称长度 l = 20 mm、性能等级为 8.8 级、表面氧化的 A 级内六角圆柱头螺钉的标记为
螺钉 GB/T 70.1 M5×20

螺纹规格 d		M1.6	M2	M2.5	M3	M4	M5	M6	M8	M10	M12
螺距 P		0.35	0.4	0.45	0.5	0.7	0.8	1	1.25	1.5	1.75
b(参考)①		15	16	17	18	20	22	24	28	32	36
d_k	max②	3.00	3.80	4.50	5.50	7.00	8.50	10.00	13.00	16.00	18.00
	max③	3.14	3.98	4.68	5.68	7.22	8.72	10.22	13.27	16.27	18.27
	min	2.86	3.62	4.32	5.32	6.78	8.28	9.78	12.73	15.73	17.73
d_a	max	2	2.6	3.1	3.6	4.7	5.7	6.8	9.2	11.2	13.7
d_s	max	1.60	2.00	2.50	3.00	4.00	5.00	6.00	8.00	10.00	12.00
	min	1.46	1.86	2.36	2.86	3.82	4.82	5.82	7.78	9.78	11.73
e④	min	1.733	1.733	2.303	2.873	3.443	4.583	5.723	6.683	9.149	11.429
k	max	1.60	2.00	2.50	3.00	4.00	5.00	6.00	8.00	10.00	12.00
	min	1.46	1.86	2.36	2.86	3.82	4.82	5.7	7.64	9.64	11.57
l	公称	2.5~16	3~16	4~20	5~25	6~25	8~25	10~30	12~35	16~40	20~50

① 用于在粗阶梯线之间的长度。
② 对光滑头部。
③ 对滚花头部。
④ e_{min} = 1.14s_{min}。

表 2-6-8　十字槽盘头螺钉(摘自 GB/T 818—2016)和十字槽沉头螺钉(摘自 GB/T 819.1—2016)　　mm

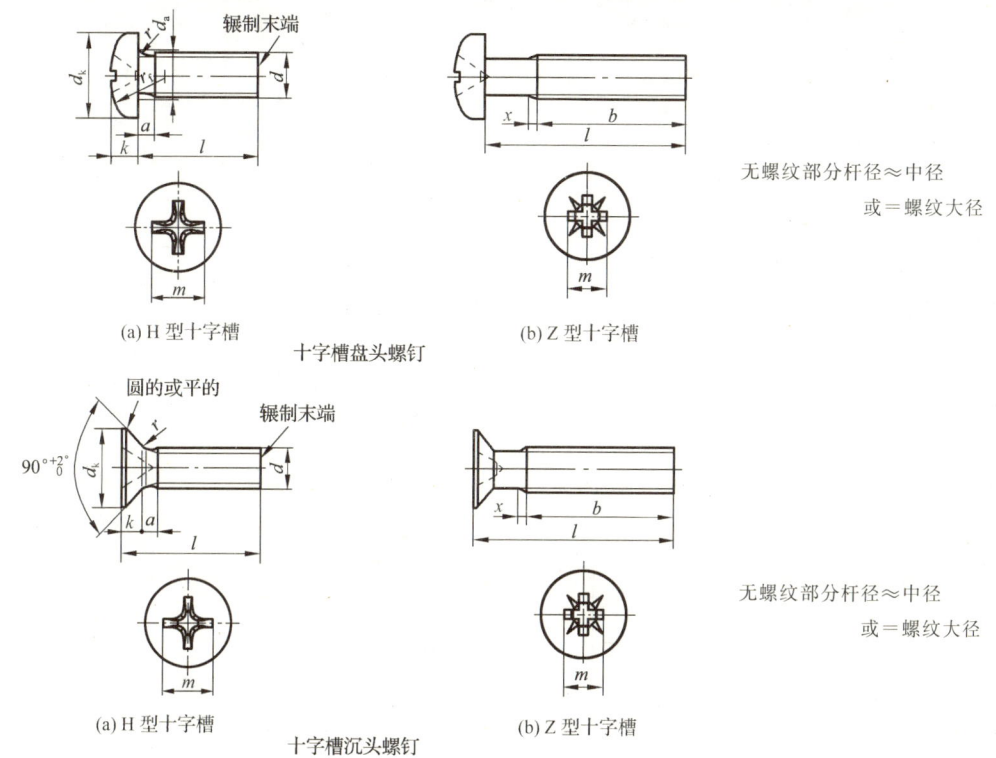

标记示例：

螺纹规格 d=M5、公称长度 l=20 mm、性能等级为 4.8 级、H 型十字槽、表面不经处理的 A 级十字槽盘头螺钉或十字槽沉头螺钉的标记为

螺钉　GB/T 818　M5×20　或　GB/T 819.1　M5×20

螺纹规格 d			M1.6	M2	M2.5	M3	M4	M5	M6	M8	M10
螺距 P			0.35	0.4	0.45	0.5	0.7	0.8	1	1.25	1.5
a		max	0.7	0.8	0.9	1	1.4	1.6	2	2.5	3
b		min	25	25	25	25	38	38	38	38	38
x		max	0.9	1	1.1	1.25	1.75	2	2.5	3.2	3.8
十字槽盘头螺钉	d_a	max	2	2.6	3.1	3.6	4.7	5.7	6.8	9.2	11.2
	d_k	max	3.2	4.0	5.0	5.6	8.00	9.50	12.00	16.00	20.00
	k	max	1.30	1.60	2.10	2.40	3.10	3.70	4.6	6.0	7.50
	r	min	0.1	0.1	0.1	0.1	0.2	0.2	0.25	0.4	0.4
	r_f	≈	2.5	3.2	4	5	6.5	8	10	13	16
	m	参考	1.6	2.1	2.6	2.8	4.3	4.7	6.7	8.8	9.9
	l 商品规格		3～16	3～20	3～25	4～30	5～40	6～45	8～60	10～60	12～60
十字槽沉头螺钉	d_k	max	3.0	3.8	4.7	5.5	8.40	9.30	11.30	15.80	18.30
	k	max	1	1.2	1.5	1.65	2.7	2.7	3.3	4.65	5
	r	max	0.4	0.5	0.6	0.8	1	1.3	1.5	2	2.5
	m	参考	1.6	1.9	2.9	3.2	4.6	5.2	6.8	8.9	10
	l 商品规格		3～16	3～20	3～25	4～30	5～40	6～50	8～60	10～60	12～60
公称长度 l 系列			3,4,5,6,8,10,12,(14),16,20～60(5 进位)								

注：1. 公称长度 l 中的(14)、(55)等规格尽可能不采用。
　　2. 对十字槽盘头螺钉, d≤M3, l≤25 mm 或 d≥M4, l≤40 mm 时,制出全螺纹($b=l-a$);对十字槽沉头螺钉, d≤M3, l≤30 mm 或 d≥M4, l≤45 mm 时,制出全螺纹[$b=l-(k+a)$]。

表 2-6-9　开槽盘头螺钉(摘自 GB/T 67—2016)和开槽沉头螺钉(摘自 GB/T 68—2016)　　mm

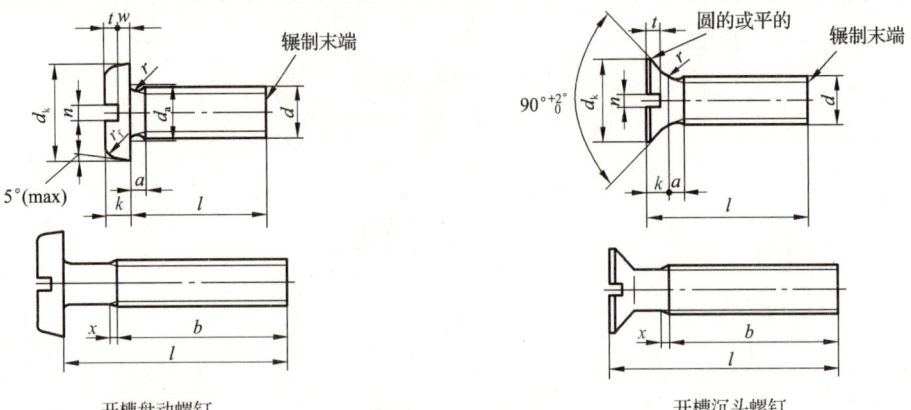

开槽盘动螺钉　　　　　　　　　　　开槽沉头螺钉

无螺纹部分杆径≈中径或=螺纹大径

标记示例：
螺纹规格 d=M5、公称长度 l=20 mm、性能等级为 4.8 级、表面不经处理的 A 级开槽盘头螺钉或开槽沉头螺钉的标记为
螺钉　GB/T 67　M5×20 或 GB/T 68　M5×20

螺纹规格 d		M1.6	M2	M2.5	M3	M4	M5	M6	M8	M10
螺距 P		0.35	0.4	0.45	0.5	0.7	0.8	1	1.25	1.5
a	max	0.7	0.8	0.9	1	1.4	1.6	2	2.5	3
b	min	25	25	25	25	38	38	38	38	38
n	公称	0.4	0.5	0.6	0.8	1.2	1.2	1.6	2	2.5
x	max	0.9	1	1.1	1.25	1.75	2	2.5	3.2	3.8
开槽盘头螺钉	d_k max	3.2	4.0	5.0	5.6	8.00	9.50	12.00	16.00	20.00
	d_a max	2	2.6	3.1	3.6	4.7	5.7	6.8	9.2	11.2
	k max	1.00	1.30	1.50	1.80	2.40	3.00	3.6	4.8	6.0
	r min	0.1	0.1	0.1	0.1	0.2	0.2	0.25	0.4	0.4
	r_f 参考	0.5	0.6	0.8	0.9	1.2	1.5	1.8	2.4	3
	t min	0.35	0.5	0.6	0.85	1.1	1.2	1.4	1.9	2.4
	w min	0.3	0.4	0.5	0.7	1	1.2	1.4	1.9	2.4
	l 商品规格	2~16	2.5~20	3~25	4~30	5~40	6~50	8~60	10~80	12~80
开槽沉头螺钉	d_k max	3.0	3.8	4.7	5.5	8.40	9.30	11.30	15.80	18.30
	k max	1	1.2	1.5	1.65	2.7	2.7	3.3	4.65	5
	r max	0.4	0.5	0.6	0.8	1	1.3	1.5	2	2.5
	t min	0.32	0.40	0.50	0.60	1.0	1.1	1.2	1.8	2.0
	l 商品规格	2.5~16	3~20	4~25	5~30	6~40	8~50	8~60	10~80	12~80
公称长度 l 系列		2,2.5,3,4,5,6,8,10,12,(14),16,20~80(5 进位)								

注：1.公称长度 l 中的(14)、(55)、(65)、(75)等规格尽可能不采用。
2.对开槽盘头螺钉，当 d≤M3, l≤30 mm 或 d≥M4, l≤40 mm 时，制出全螺纹, $b=l-a$；对开槽沉头螺钉，当 d≤M3, l≤30 mm 或 d≥M4, l≤40 mm 时制出全螺纹, $b=l-(k+a)$。

表 2-6-10　紧定螺钉(摘自 GB/T 71—2018、GB/T 73—2017、GB/T 75—2018)　　　　　mm

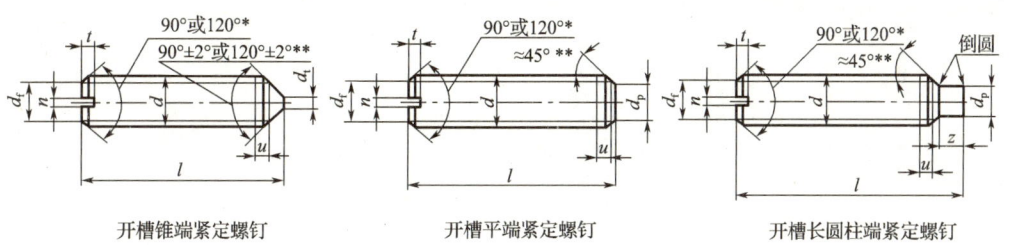

开槽锥端紧定螺钉　　　　开槽平端紧定螺钉　　　　开槽长圆柱端紧定螺钉

标记示例：

螺纹规格 d = M5、公称长度 l = 12 mm、钢制、硬度等级为 14H 级、表面不经处理、产品等级为 A 级的开槽锥端紧定螺钉或开槽平端、开槽长圆柱端紧定螺钉的标记为

螺钉　GB/T 71　M5×12 或 GB/T 73　M5×12，GB/T 75　M5×12

螺纹规格 d		M3	M4	M5	M6	M8	M10	M12
螺距 P		0.5	0.7	0.8	1	1.25	1.5	1.75
d_f≈		螺纹小径						
d_t	max	0.3	0.4	0.5	1.5	2	2.5	3
d_p	max	2	2.5	3.5	4	5.5	7	8.5
n	公称	0.4	0.6	0.8	1	1.2	1.6	2
t	min	0.8	1.12	1.28	1.6	2	2.4	2.8
z	max	1.75	2.25	2.75	3.25	4.3	5.3	6.3
不完整螺纹的长度 u		≤2P						
l 范围（商品规格）	GB/T 71—2018	4～16	6～20	8～25	8～30	10～40	12～50	14～60
	GB/T 73—2017	3～16	4～20	5～25	6～30	8～40	10～50	12～60
	GB/T 75—2018	5～16	6～20	8～25	8～30	10～40	12～50	14～60
短螺钉	GB/T 73—2017	3	4	5	6	—	—	—
	GB/T 75—2018	5	6	8	8、10	10、12、14	12、14、16	14、16、20
公称长度 l 系列		3,4,5,6,8,10,12,(14),16,20,25,30,35,40,45,50,55,60						

* 表示公称长度在表中 l 范围内的短螺钉应制成120°；** 表示 90°或120°和45°仅适用于螺纹小径以内的末端部分。

注：尽可能不采用括号内的规格。

表 2-6-11　1 型六角螺母(摘自 GB/T 6170－2015)和六角薄螺母(摘自 GB/T 6172.1－2016)　　mm

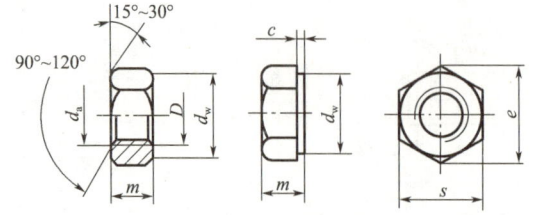

标记示例：
　　螺纹规格 D＝M12、性能等级为 8 级、表面不经处理、产品等级为 A 级的 1 型六角螺母的标记为
　　螺母　GB/T 6170　M12
　　螺纹规格 D＝M12、性能等级为 04 级、表面不经处理、产品等级为 A 级的六角薄螺母的标记为
　　螺母　GB/T 6172.1　M12

螺纹规格 D		M3	M4	M5	M6	M8	M10	M12	(M14)	M16	(M18)	M20	(M22)	M24	(M27)	M30	M36
d_a	max	3.45	4.60	5.75	6.75	8.75	10.80	13.00	15.10	17.30	19.50	21.60	23.70	25.90	29.10	32.40	38.90
d_w	min	4.60	5.90	6.90	8.90	11.60	14.60	16.60	19.60	22.50	24.90	27.70	31.40	33.30	38.00	42.80	51.10
e	min	6.01	7.66	8.79	11.05	14.38	17.77	20.03	23.36	26.75	29.56	32.95	37.29	39.55	45.20	50.85	60.79
s	max	5.50	7.00	8.00	10.00	13.00	16.00	18.00	21.00	24.00	27.00	30.00	34.00	36.00	41.00	46.00	55.00
c	max	0.40	0.40	0.50	0.50	0.60	0.60	0.60	0.60	0.80	0.80	0.80	0.80	0.80	0.80	0.80	0.80
m (max)	1型六角螺母	2.40	3.20	4.70	5.20	6.80	8.40	10.80	12.80	14.80	15.80	18.00	19.40	21.50	23.80	25.60	31.00
	六角薄螺母	1.80	2.20	2.70	3.20	4.00	5.00	6.00	7.00	8.00	9.00	10.00	11.00	12.00	13.50	15.00	18.00

注：尽可能不采用括号内的规格。

表 2-6-12　　　　　　　　1 型六角开槽螺母(摘自 GB/T 6178－1986)　　　　　　　　mm

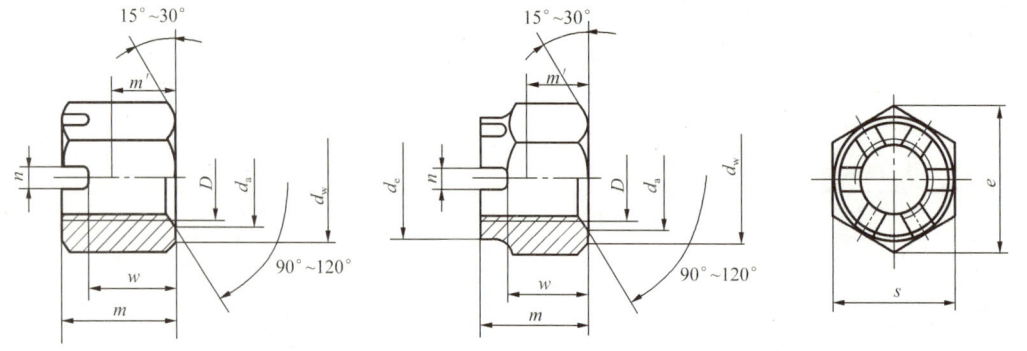

标记示例：
　　螺纹规格 D＝M5、性能等级为 8 级、不经表面处理、产品等级为 A 级的 1 型六角开槽螺母的标记为
　　螺母　GB/T 6178　M5

螺纹规格 D		M4	M5	M6	M8	M10	M12	(M14)	M16	M20	M24	M30	M36
d_e	max	—	—	—	—	—	—	—	—	28	34	42	50
m	max	5	6.7	7.7	9.8	12.4	15.8	17.8	20.8	24	29.5	34.6	40
n	min	1.2	1.4	2	2.5	2.8	3.5	3.5	4.5	5.5	5.5	7	7
w	max	3.2	4.7	5.2	6.8	8.4	10.8	12.8	14.8	18	21.5	25.6	31
s	max	7	8	10	13	16	18	21	24	30	36	46	55
开口销		1×10	1.2×12	1.6×14	2×16	2.5×20	3.2×22	3.2×25	4×28	4×36	5×40	6.3×50	6.3×63

注：1. d_a、d_w、e 尺寸和技术条件同表 2-6-11。
　　2. 尽可能不采用括号内的规格。

表 2-6-13　　　　　圆螺母(摘自 GB/T 812—1988)　　　　　mm

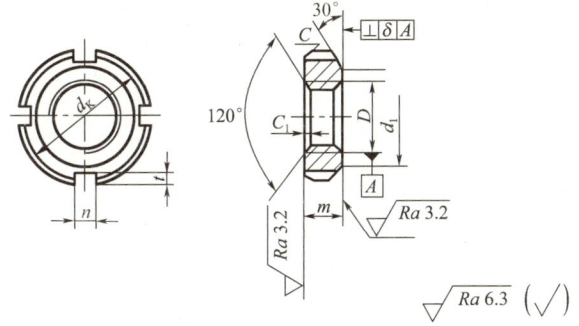

标记规格：

螺纹规格 $D=$M16×1.5、材料为 45 钢、槽或全部热处理后硬度 35HRC～45HRC、表面氧化的圆螺母的标记为

螺母　GB/T 812　M16×1.5

螺纹规格 $D\times P$	d_K	d_1	m	n max	n min	t max	t min	C	C_1	螺纹规格 $D\times P$	d_K	d_1	m	n max	n min	t max	t min	C	C_1
M10×1	22	16	8	4.3	4	2.6	2	0.5		M64×2	95	84	12	8.36	8	4.25	3.5		
M12×1.25	25	19								M65×2									
M14×1.5	28	20								M68×2	100	88							
M16×1.5	30	22								M72×2	105	93	15	10.36	10	4.75	4		
M18×1.5	32	24								M75×2									
M20×1.5	35	27								M76×2	110	98							
M22×1.5	38	30		5.3	5	3.1	2.5			M80×2	115	103							
M24×1.5	42	34								M85×2	120	108							
M25×1.5								1	0.5	M90×2	125	112						1.5	1
M27×1.5	45	37								M95×2	130	117	18	12.43	12	5.75	5		
M30×1.5	48	40								M100×2	135	122							
M33×1.5	52	43	10							M105×2	140	127							
M35×1.5										M110×2	150	135							
M36×1.5	55	46								M115×2	155	140							
M39×1.5	58	49		6.3	6	3.6	3			M120×2	160	145	22	14.43	14	6.75	6		
M40×1.5										M125×2	165	150							
M42×1.5	62	53								M130×2	170	155							
M45×1.5	68	59								M140×2	180	165							
M48×1.5	72	61						1.5		M150×2	200	180	26						
M50×1.5										M160×3	210	190							
M52×1.5	78	67	12	8.36	8	4.25	3.5			M170×3	220	200		16.43	16	7.9	7	2	1.5
M55×2										M180×3	230	210							
M56×2	85	74							1	M190×3	240	220	30						
M60×2	90	79								M200×3	250	230							

注：1. 当 $D\leqslant$M100×2 时，槽数 $n=4$；当 $D\geqslant$M105×2 时，槽数 $n=6$。

　　2. 仅用于滚动轴承锁紧装置。

表 2-6-14 小垫圈(摘自 GB/T 848—2002)和平垫圈(摘自 GB/T 97.1—2002、GB/T 97.2—2002)　　mm

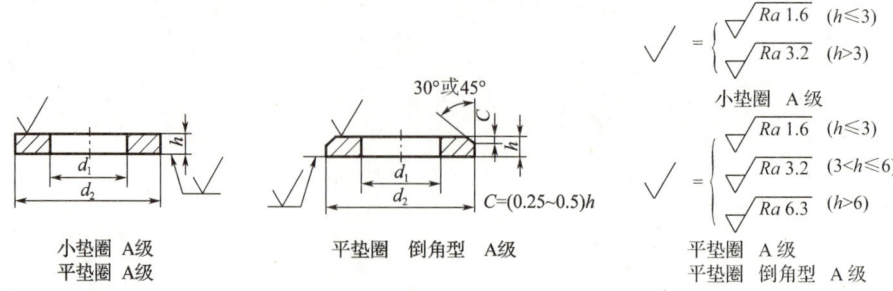

标记示例：
小系列或标准系列，公称规格 8 mm、由钢制造的硬度等级为200HV、不经表面处理、产品等级为 A 级的平垫圈的标记为
　　垫圈 GB/T 848　8 或 GB/T 97.1　8、GB/T 97.2　8

公称尺寸(螺纹规格 d)		1.6	2	2.5	3	4	5	6	8	10	12	(14)	16	20	24	30	36
d_1	GB/T 848—2002	1.7	2.2	2.7	3.2	4.3	5.3	6.4	8.4	10.5	13	15	17	21	25	31	37
	GB/T 97.1—2002																
	GB/T 97.2—2002	—	—	—	—	—											
d_2	GB/T 848—2002	3.5	4.5	5	6	8	9	11	15	18	20	24	28	34	39	50	60
	GB/T 97.1—2002	4	5	6	7	9	10	12	16	20	24	28	30	37	44	56	66
	GB/T 97.2—2002																
h	GB/T 848—2002	0.3	0.3	0.5	0.5	0.5	0.5	1	1.6	1.6	1.6	2	2.5	2.5	3	4	4	5
	GB/T 97.1—2002						0.8					2.5						
	GB/T 97.2—2002										2	2.5	3					

表 2-6-15 标准型弹簧垫圈(摘自 GB/T 93-1987)和轻型弹簧垫圈(摘自 GB/T 859-1987)　　mm

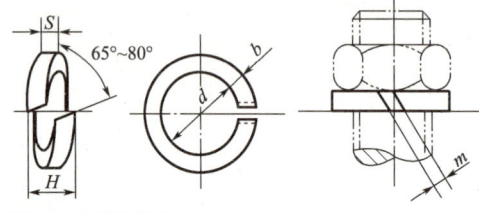

标记示例：
　　规格为 16 mm、材料为65Mn、表面氧化的标准型或轻型弹簧垫圈的标记为
　　垫圈 GB/T 93　16 或 GB/T 859　16

规格(螺纹大径)			3	4	5	6	8	10	12	(14)	16	(18)	20	(22)	24	(27)	30	(33)	36
GB/T 93—1987	$S(b)$	公称	0.8	1.1	1.3	1.6	2.1	2.6	3.1	3.6	4.1	4.5	5	5.5	6	6.8	7.5	8.5	9
	H	min	1.6	2.2	2.6	3.2	4.2	5.2	6.2	7.2	8.2	9	10	11	12	13.6	15	17	18
		max	2	2.75	3.25	4	5.25	6.5	7.75	9	10.25	11.25	12.5	13.75	15	17	18.75	21.25	22.5
	m	≤	0.4	0.55	0.65	0.8	1.05	1.3	1.55	1.8	2.05	2.25	2.5	2.75	3	3.4	3.75	4.25	4.5
GB/T 859—1987	S	公称	0.6	0.8	1.1	1.3	1.6	2	2.5	3	3.2	3.6	4	4.5	5	5.5	6	—	—
	b	公称	1	1.2	1.5	2	2.5	3	3.5	4	4.5	5	5.5	6	7	8	9	—	—
	H	min	1.2	1.6	2.2	2.6	3.2	4	5	6	6.4	7.2	8	9	10	11	12		
		max	1.5	2	2.75	3.25	4	5	6.25	7.5	8	9	10	11.25	12.5	13.75	15		
	m	≤	0.3	0.4	0.55	0.65	0.8	1	1.25	1.5	1.6	1.8	2	2.25	2.5	2.75	3		

注：尽可能不采用括号内的规格。

表 2-6-16　　圆螺母用止动垫圈(摘自 GB/T 858—1988)　　mm

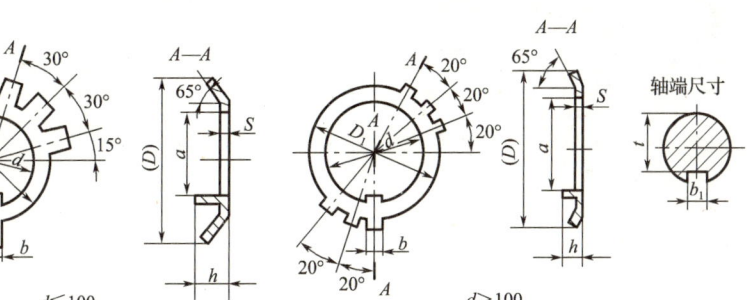

标记示例：
规格为 16 mm，材料为 Q235A，经退火、表面氧化的圆螺母用止动垫圈的标记为
垫圈　GB/T 858　16

规格(螺纹大径)	d	D(参考)	D_1	S	b	a	h	轴端 b_1	轴端 t	规格(螺纹大径)	d	D(参考)	D_1	S	b	a	h	轴端 b_1	轴端 t
10	10.5	25	16	3.8	8	3	7	4	—	48	48.5	76	61	7.7	45	8	5	5	44
12	12.5	28	19		9		8			50*	50.5				47				—
14	14.5	32	20		11		10			52	52.5	82	67		49				48
16	16.5	34	22		13		12			55*	56				52				—
18	18.5	35	24		15		14			56	57	90	74		53				52
20	20.5	38	27	1	17		16			60	61	94	79		57		6		56
22	22.5	42	30	4.8	19	4	18	5		64	65	100	84	1.5	61				60
24	24.5	45	34		21		20			65*	66				62				—
25*	25.5				22		—			68	69	105	88		65				64
27	27.5	48	37		24		23			72	73	110	93	9.6	69	10			68
30	30.5	52	40		27		26			75*	76				71				—
33	33.5	56	43		30		29			76	77	115	98		72				70
35*	35.5				32		—			80	81	120	103		76				74
36	36.5	60	46		33	5	32			85	86	125	108		81		7		79
39	39.5	62	49	1.5	36		35	6		90	91	130	112		86				84
40*	40.5			5.7	37		—			95	96	135	117	2	91	11.6	12		89
42	42.5	66	53		39		38			100	101	140	122		96				94
45	45.5	72	59		42		41			105	106	145	127		101				99

*仅用于滚动轴承锁紧装置。
注：轴端的数据不属于 GB/T 858—1988，仅供参考。

表 2-6-17　螺钉紧固轴端挡圈(摘自 GB/T 891—1986)和螺栓紧固轴端挡圈(摘自 GB/T 892—1986)　　mm

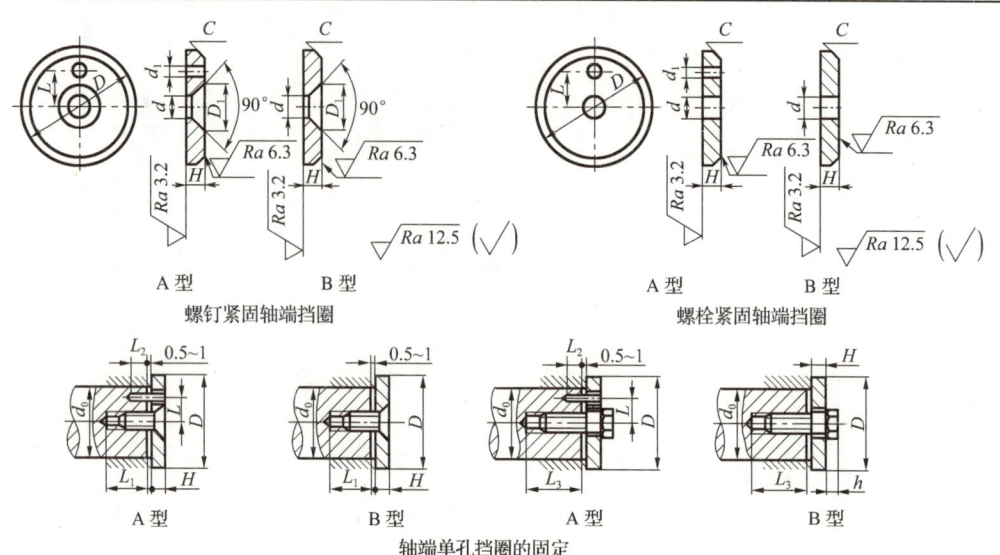

标记示例：

公称直径 $D=45$ mm、不经表面处理的 A 型螺钉紧固轴端挡圈的标记为

挡圈　GB/T 891　45

公称直径 $D=45$ mm、材料为 Q235A、不经表面处理的 B 型螺栓紧固轴端挡圈的标记为

挡圈　GB/T 892　B45

轴径≤	公称直径 D	H	L	d	d_1	C	螺钉紧固轴端挡圈					螺栓紧固轴端挡圈					安装尺寸(参考)			
							D_1	螺钉 GB/T 819.1—2016 (推荐)	1 000 个质量/kg ≈		圆柱销 GB/T 119.2—2000 (推荐)	螺栓 GB/T 5783—2016 (推荐)	垫圈 GB/T 93—1987 (推荐)	1 000 个质量/kg ≈		L_1	L_2	L_3	h
									A 型	B 型				A 型	B 型				
16	22	4	—	5.5	2.1	0.5	11	M5×12	—	10.7	2×10	M5×16	5	—	11.2	14	6	16	4.8
18	25	4	—						—	14.2				—	14.7				
20	28	4	7.5						17.9	18.1				18.4	18.6				
22	30	4	7.5						20.8	21.0				21.5	21.5				
25	32	5	10	6.6	3.2	1	13	M6×16	28.7	29.2	3×12	M6×20	6	29.7	30.2	18	7	20	5.6
28	35	5	10						34.8	35.3				35.8	36.3				
30	38	5	10						41.5	42.0				42.5	43.0				
32	40	5	12						46.3	46.8				47.3	47.8				
35	45	5	12						59.5	59.9				60.5	60.9				
40	50	5	12						74.0	74.5				75.0	75.5				

注：1. 当挡圈装在带螺纹孔的轴端时，紧固用螺钉或螺栓允许加长。

2. 材料为 Q235A、35 钢、45 钢。

3. 轴端单孔挡圈的固定不属于 GB/T 891—1986、GB/T 892—1986，仅供参考。

表 2-6-18　普通螺纹收尾、肩距、退刀槽和倒角(摘自 GB/T 3—1997)　　　mm

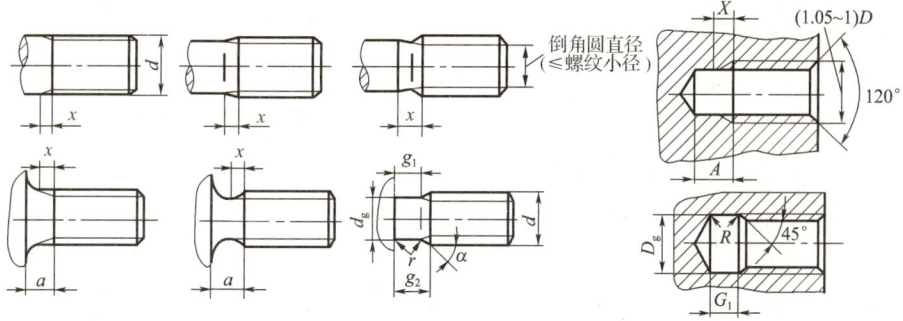

螺距 P	外螺纹							内螺纹						D_g
	收尾 x max		肩距 a max		退刀槽				收尾 X max		肩距 A		退刀槽			
	一般	短的	一般	长的	短的	g_2 max	g_1 min	$r \approx$	d_g	一般	短的	一般	长的	一般	短的	$R \approx$	
0.5	1.25	0.7	1.5	2	1	1.5	0.8	0.2	$d-0.8$	2	1	3	4	2	1	0.2	
0.6	1.5	0.75	1.8	2.4	1.2	1.8	0.9		$d-1$	2.4	1.2	3.2	4.8	2.4	1.2	0.3	
0.7	1.75	0.9	2.1	2.8	1.4	2.1	1.1	0.4	$d-1.1$	2.8	1.4	3.5	5.6	2.8	1.4	0.4	$D+0.3$
0.75	1.9	1	2.25	3	1.5	2.25	1.2		$d-1.2$	3	1.5	3.8	6	3	1.5	0.4	
0.8	2	1	2.4	3.2	1.6	2.4	1.3		$d-1.3$	3.2	1.6	4	6.4	3.2	1.6	0.4	
1	2.5	1.25	3	4	2	3	1.6	0.6	$d-1.6$	4	2	5	8	4	2	0.5	
1.25	3.2	1.6	4	5	2.5	3.75	2		$d-2$	5	2.5	6	10	5	2.5	0.6	
1.5	3.8	1.9	4.5	6	3	4.5	2.5	0.8	$d-2.3$	6	3	7	12	6	3	0.8	
1.75	4.3	2.2	5.3	7	3.5	5.25	3	1	$d-2.6$	7	3.5	9	14	7	3.5	0.9	
2	5	2.5	6	8	4	6	3.4		$d-3$	8	4	10	16	8	4	1	
2.5	6.3	3.2	7.5	10	5	7.5	4.4	1.2	$d-3.6$	10	5	12	18	10	5	1.2	
3	7.5	3.8	9	12	6	9	5.2		$d-4.4$	12	6	14	22	12	6	1.5	$D+0.5$
3.5	9	4.5	10.5	14	7	10.5	6.2	1.6	$d-5$	14	7	16	24	14	7	1.8	
4	10	5	12	16	8	12	7	2	$d-5.7$	16	8	18	26	16	8	2	
4.5	11	5.5	13.5	18	9	13.5	8		$d-6.4$	18	9	21	29	18	9	2.2	
5	12.5	6.3	15	20	10	15	9	2.5	$d-7$	20	10	23	32	20	10	2.5	
5.5	14	7	16.5	22	11	17.5	11		$d-7.7$	22	11	25	35	22	11	2.8	
6	15	7.5	18	24	12	18	11	3.2	$d-8.3$	24	12	28	38	24	12	3	

注：1. d 为螺纹公称直径代号。
2. 应优先选用"一般"长度的收尾和肩距。
3. d_g 公差为 $h13(d>3\ \text{mm})/h12(d\leqslant3\ \text{mm})$。$D_g$ 公差为 H13。
4. "短"退刀槽仅在结构受限时采用。
5. 外螺纹倒角一般为 45°，也可采用 60°或 30°倒角；倒角深度应大于或等于牙型高度，过渡角 α 应不小于 30°。内螺纹入口端面的倒角一般为 120°，也可采用 90°倒角。端面倒角直径为 (1.05~1)D。

表 2-6-19　　螺栓和螺钉通孔及沉孔尺寸　　mm

螺纹规格	紧固件 螺栓和螺钉通孔 (GB/T 5277—1985)			紧固件 沉头螺钉用沉孔 (GB/T 152.2—2014)			紧固件 圆柱头用沉孔 (GB/T 152.3—1988)			紧固件 六角头螺栓和六角螺母用沉孔 (GB/T 152.4—1988)			
d	精装配	中等装配	粗装配	D_c min	$t\approx$	d_h min	α	d_2	t	d_3	d_1	d_2	d_3	d_1	t
M3	3.2	3.4	3.6	6.3	1.55	3.4		6.0	3.4		3.4	9		3.4	
M4	4.3	4.5	4.8	9.4	2.55	4.5		8.0	4.6		4.5	10		4.5	
M5	5.3	5.5	5.8	10.4	2.58	5.5		10.0	5.7		5.5	11		5.5	
M6	6.4	6.6	7	12.6	3.13	6.6		11.0	6.8		6.6	13		6.6	
M8	8.4	9	10	17.3	4.28	9		15.0	9.0		9.0	18		9.0	
M10	10.5	11	12	20	4.65	11		18.0	11.0		11.0	22		11.0	只要能制出与通孔轴线垂直的圆平面即可
M12	13	13.5	14.5				90°±1°	20.0	13.0	16	13.5	26	16	13.5	
M14	15	15.5	16.5					24.0	15.0	18	15.5	30	18	15.5	
M16	17	17.5	18.5					26.0	17.5	20	17.5	33	20	17.5	
M18	19	20	21					—	—	—	—	36	22	20.0	
M20	21	22	24					33.0	21.5	24	22.0	40	24	22.0	
M22	23	24	26					—	—	—	—	43	26	24	
M24	25	26	28					40.0	25.5	28	26.0	48	28	26	
M27	28	30	32					—	—	—	—	53	33	30	
M30	31	33	35					48.0	32.0	36	33.0	61	36	33	
M36	37	39	42					57.0	38.0	42	39.0	71	42	39	

表 2-6-20　普通粗牙螺纹的余留长度、钻孔余留深度(摘自 JB/ZQ 4247－2006)　　mm

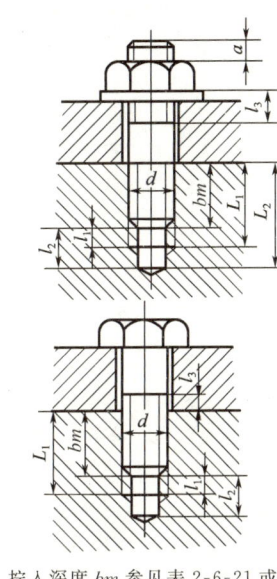

拧入深度 b_m 参见表 2-6-21 或由设计者决定

钻孔深度 $L_2 = b_m + l_2$

螺孔深度 $L_1 = b_m + l_1$

螺距	螺纹直径 粗牙	螺纹直径 细牙	余留长度 内螺纹	余留长度 钻孔	余留长度 外螺纹	末端长度
P	d	d	l_1	l_2	l_3	a
0.5	3	5	1	4	2	1～2
0.7	4	—	1.5	5	2.5	2～3
0.75	—	6	1.5	6	2.5	2～3
0.8	5	—	1.5	6	2.5	2～3
1	6	8,10,14,16,18	2	7	3.5	2.5～4
1.25	8	12	2.5	9	4	2.5～4
1.5	10	14,16,18,20,22,24,27,30,33	3	10	4.5	3.5～5
1.75	12	—	3.5	13	5.5	3.5～5
2	14,16	24,27,30,33,36,39,45,48,52	4	14	6	4.5～6.5
2.5	18,20,22	—	5	17	7	4.5～6.5
3	24,27	36,39,42,45,48,56,60,64,72,76	6	20	8	5.5～8
3.5	30	—	7	23	10	5.5～8
4	36	56,60,64,68,72,76	8	26	11	7～11
4.5	42	—	9	30	12	7～11
5	48	—	10	33	13	7～11
5.5	56	—	11	36	16	10～15
6	64,72,76	—	12	40	18	10～15

表 2-6-21　粗牙螺栓、螺钉的拧入深度和螺纹孔尺寸　　mm

d	d_0	用于钢或青铜 h	用于钢或青铜 b_m	用于铸铁 h	用于铸铁 b_m	用于铝 h	用于铝 b_m
6	5	8	6	12	10	15	12
8	6.8	10	8	15	12	20	16
10	8.5	12	10	18	15	24	20
12	10.2	15	12	22	18	28	24
16	14	20	16	28	24	36	32
20	17.5	25	20	35	30	45	40
24	21	30	24	42	35	55	48
30	26.5	36	30	50	45	70	60
36	32	45	36	65	55	80	72
42	37.5	50	42	75	65	95	85

注：1. h 为内螺纹通孔长度；b_m 为双头螺栓或螺钉拧入深度；d_0 为螺纹攻丝前钻孔直径。

2. 本表仅供参考。

表 2-6-22　　　扳手空间(摘自 JB/ZQ 4005—2006)　　　mm

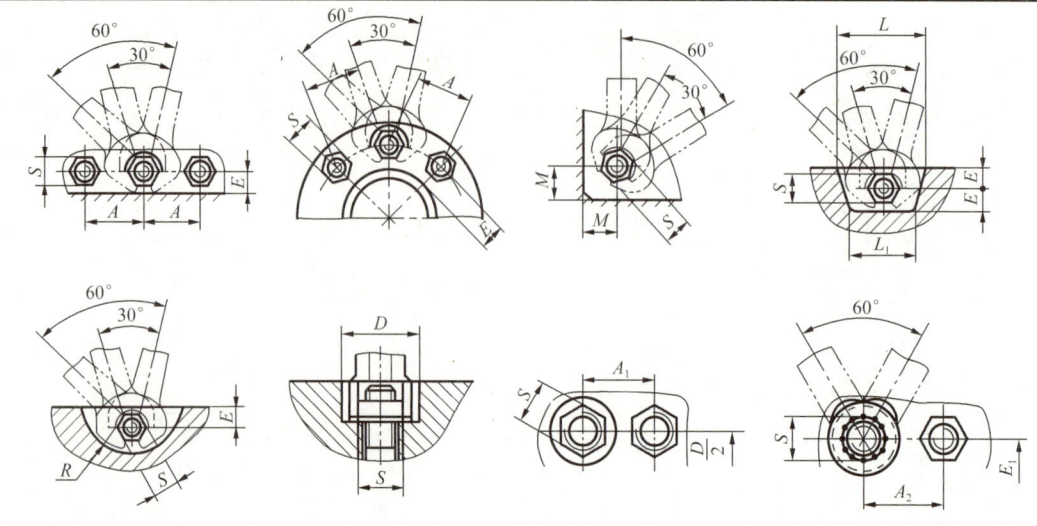

螺纹直径 d	S	A	A_1	A_2	E	E_1	M	L	L_1	R	D
6	10	26	18	18	8	12	15	46	38	20	24
8	13	32	24	22	11	14	18	55	44	25	28
10	16	38	28	26	13	16	22	62	50	30	30
12	18	42	—	30	14	18	24	70	55	32	—
14	21	48	36	34	15	20	26	80	65	36	40
16	24	55	38	38	16	24	30	85	70	42	45
18	27	62	45	42	19	25	32	95	75	46	52
20	30	68	48	46	20	28	35	105	85	50	56
22	34	76	55	52	24	32	40	120	95	58	60
24	36	80	58	55	24	34	42	125	100	60	70
27	41	90	65	62	26	36	46	135	110	65	76
30	46	100	72	70	30	40	50	155	125	75	82
33	50	108	76	75	32	44	55	165	130	80	88
36	55	118	85	82	36	48	60	180	145	88	95
39	60	125	90	88	38	52	65	190	155	92	100
42	65	135	96	96	42	55	70	205	165	100	106
45	70	145	105	102	45	60	75	220	175	105	112
48	75	160	115	112	48	65	80	235	185	115	126
52	80	170	120	120	48	70	84	245	195	125	132
56	85	180	126	—	52	—	90	260	205	130	138
60	90	185	134	—	58	—	95	275	215	135	145
64	95	195	140	—	58	—	100	285	225	140	152
68	100	205	145	—	65	—	105	300	235	150	158

资料七
键链接和销连接

表 2-7-1　　普通型平键(摘自 GB/T 1095—2003、GB/T 1096—2003)　　mm

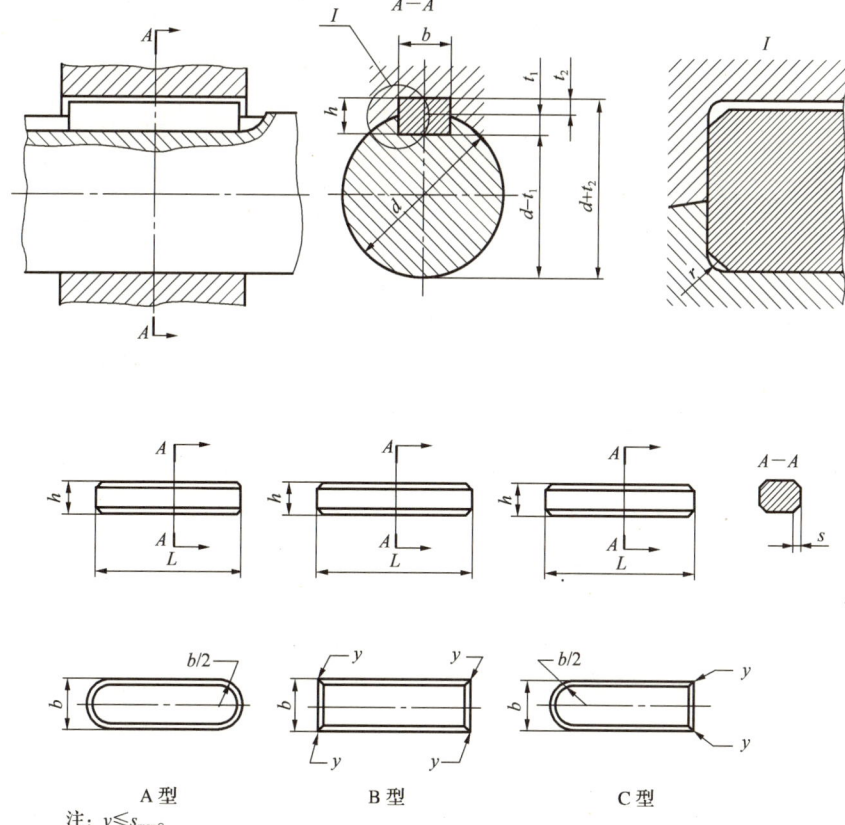

A 型　　　　B 型　　　　C 型

注：$y \leqslant s_{max}$。

标记示例：

宽度 $b=16$ mm、高度 $h=10$ mm、长度 $L=100$ mm 普通 A 型平键的标记为
GB/T 1096　键 $16 \times 10 \times 100$

宽度 $b=16$ mm、高度 $h=10$ mm、长度 $L=100$ mm 普通 B 型平键的标记为
GB/T 1096　键 B $16 \times 10 \times 100$

宽度 $b=16$ mm、高度 $h=10$ mm、长度 $L=100$ mm 普通 C 型平键的标记为
GB/T 1096　键 C $16 \times 10 \times 100$

续表

轴	键	键槽											
公称直径 d	公称尺寸 $b \times h$	宽度 b						深 度				半径 r	
^	^	公称尺寸 b	极限偏差					轴 t_1		毂 t_2		^	
^	^	^	松连接		正常连接		紧密连接	公称尺寸	极限偏差	公称尺寸	极限偏差	min	max
^	^	^	轴 H9	毂 D10	轴 N9	毂 JS9	轴和毂 P9	^	^	^	^	^	^
6～8	2×2	2	+0.025 0	+0.060 +0.020	−0.004 −0.029	±0.0125	−0.006 −0.031	1.2	+0.1 0	1	+0.1 0	0.08	0.16
8～10	3×3	3	^	^	^	^	^	1.8	^	1.4	^	^	^
10～12	4×4	4	+0.030 0	+0.078 +0.030	0 −0.030	±0.015	−0.012 −0.042	2.5	^	1.8	^	^	^
12～17	5×5	5	^	^	^	^	^	3.0	^	2.3	^	0.16	0.25
17～22	6×6	6	^	^	^	^	^	3.5	^	2.8	^	^	^
22～30	8×7	8	+0.036 0	+0.098 +0.040	0 −0.036	±0.018	−0.015 −0.051	4.0	^	3.3	^	^	^
30～38	10×8	10	^	^	^	^	^	5.0	^	3.3	^	^	^
38～44	12×8	12	+0.043 0	+0.120 +0.050	0 −0.043	±0.0215	−0.018 −0.061	5.0	^	3.3	^	0.25	0.40
44～50	14×9	14	^	^	^	^	^	5.5	^	3.8	^	^	^
50～58	16×10	16	^	^	^	^	^	6.0	+0.2 0	4.3	0.2 0	^	^
58～65	18×11	18	^	^	^	^	^	7.0	^	4.4	^	^	^
65～75	20×12	20	+0.052 0	+0.149 +0.065	0 −0.052	±0.026	−0.022 −0.074	7.5	^	4.9	^	0.40	0.60
75～85	22×14	22	^	^	^	^	^	9.0	^	5.4	^	^	^
85～95	25×14	25	^	^	^	^	^	9.0	^	5.4	^	^	^
95～110	28×16	28	^	^	^	^	^	10.0	^	6.4	^	^	^
键的长度 L 系列	6,8,10,12,14,16,18,20,22,25,28,32,36,40,45,50,56,63,70,80,90,100,110,125,140,160,180,200, 220,250,280,320,360													

注：1. 在零件图中，轴槽深用 $(d-t_1)$ 标注，轮毂槽深用 $(d+t_2)$ 标注。
2. $(d-t_1)$ 和 $(d+t_2)$ 两组组合尺寸的极限偏差按相应的 t_1 和 t_2 极限偏差选取，但 $(d-t_1)$ 的极限偏差值应取负号。
3. 键尺寸的极限偏差 b 为 h9，h 为 h11，L 为 h14。
4. 键材料的抗拉强度应不小于 590 MPa，一般使用 45 钢。

表 2-7-2　　导向型平键（摘自 GB/T 1097—2003）　　mm

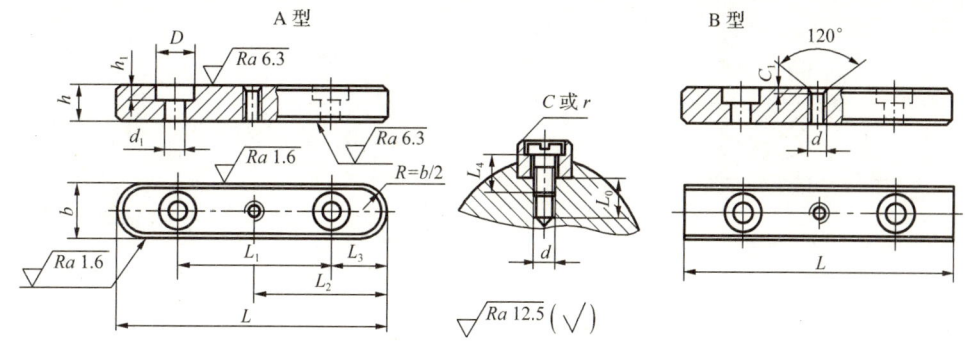

标记示例：

宽度 $b=16$ mm、高度 $h=10$ mm、长度 $L=100$ mm 导向 A 型平键的标记为

GB/T 1097　键 16×100

宽度 $b=16$ mm、高度 $h=10$ mm、长度 $L=100$ mm 导向 B 型平键的标记为

GB/T 1097　键 B16×100

b	8	10	12	14	16	18	20	22	25	28	32
h	7	8	8	9	10	11	12	14	14	16	18
C 或 r	0.25~0.40	0.40~0.60	0.40~0.60	0.40~0.60	0.40~0.60	0.40~0.60	0.60~0.80	0.60~0.80	0.60~0.80	0.60~0.80	0.60~0.80
h_1	2.4	3.0	3.0	3.5	3.5	3.5	4.5	4.5	4.5	6	7
d	M3	M4	M4	M5	M5	M5	M6	M6	M6	M8	M10
d_1	3.4	4.5	4.5	5.5	5.5	5.5	6.6	6.6	6.6	9	11
D	6	8.5	8.5	10	10	10	12	12	12	15	18
C_1	0.3	0.3	0.3	0.5	0.5	0.5	0.5	0.5	0.5	0.5	0.5
L_0	7	8	8	10	10	10	12	12	12	15	18
螺钉($d\times L_4$)	M3$\times$8	M3$\times$10	M4$\times$10	M5$\times$10	M5$\times$10	M5$\times$10	M6$\times$12	M6$\times$16	M6$\times$16	M8$\times$16	M10$\times$20
L	25~90	25~110	28~140	36~160	45~180	50~200	56~220	63~250	70~280	80~320	90~360

L、L_1、L_2、L_3 对应长度系列

L	25	28	32	36	40	45	50	56	63	70	80	90	100	110	125	140	160	180	200	220	250	280	320	360
L_1	13	14	16	18	20	23	26	30	35	40	48	54	60	66	75	80	90	100	110	120	140	160	180	200
L_2	12.5	14	16	18	20	22.5	25	28	31.5	35	40	45	50	55	62	70	80	90	100	110	125	140	160	180
L_3	6	7	8	9	10	11	12	13	14	15	16	18	20	22	25	30	35	40	45	50	55	60	70	80

注：1. 固定用螺钉应符合 GB/T 822—2016 或 GB/T 65—2016 的规定。

　　2. 键槽的尺寸应符合 GB/T 1095—2003 的规定。

　　3. 导向型平键常用材料为 45 钢。

　　4. 导向型平键的技术条件应符合 GB/T 1568—2008 的规定。

表 2-7-3　　半圆键(摘自 GB/T 1098—2003、GB/T 1099.1—2003)　　mm

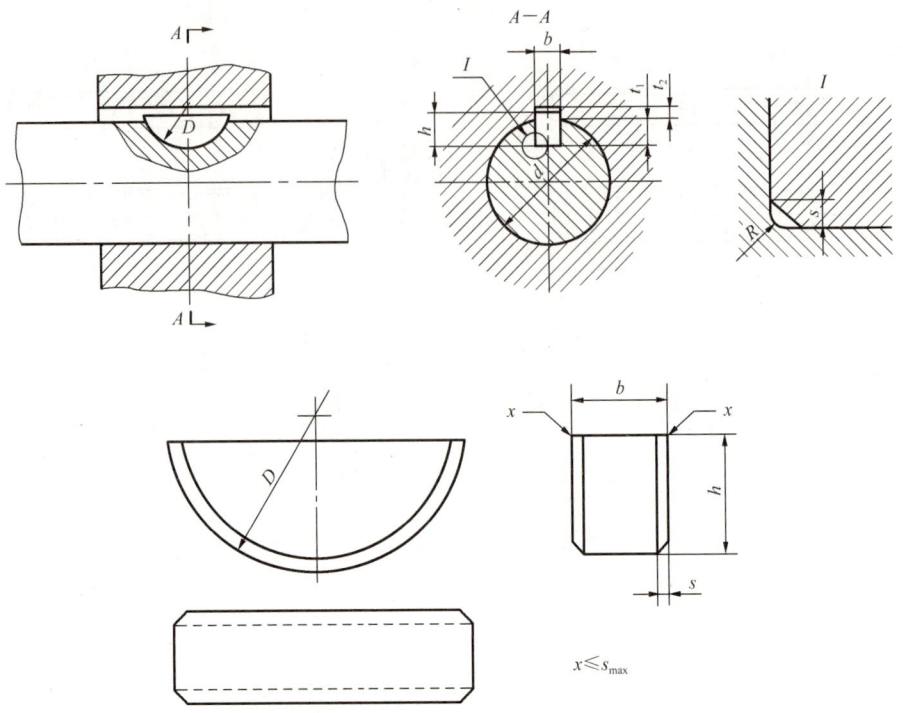

标记示例：

宽度 $b=6$ mm、高度 $h=10$ mm、直径 $D=25$ mm 普通型半圆键的标记为

GB/T 1099.1　键 $6×10×25$

键			键槽									
键尺寸 $b×h×D$	倒角或倒圆 s		宽度 b					深度				半径 R
			公称尺寸	极限偏差				轴 t_1		毂 t_2		
				正常连接		紧密连接	松连接		公称尺寸	极限偏差	公称尺寸	极限偏差	
	max	min		轴 N9	毂 JS9	轴和毂 P9	轴 H9	毂 D10					min	max
1.0×1.4×4			1.0						1.0	+0.1 0	0.6	+0.1 0	0.08	0.16
1.5×2.6×7			1.5						2.0		0.8			
2.0×2.6×7			2.0						1.8		1.0			
2.0×3.7×10	0.16	0.25	2.0	−0.004 −0.029	±0.0125	−0.006 −0.031	+0.025 0	+0.060 +0.020	2.9		1.0			
2.5×3.7×10			2.5						2.7		1.2			
3.0×5.0×13			3.0						3.8		1.4			
3.0×6.5×16			3.0						5.3		1.4			
4.0×6.5×16			4.0						5.0	+0.2 0	1.8			
4.0×7.5×19			4.0						6.0		1.8			
5.0×6.5×16			5.0						4.5		2.3			
5.0×7.5×19	0.25	0.40	5.0	0 −0.030	±0.015	−0.012 −0.042	+0.030 0	+0.078 +0.030	5.5		2.3		0.16	0.25
5.0×9.0×22			5.0						7.0		2.3			
6.0×9.0×22			6.0						6.5	+0.3 0	2.8			
6.0×10.0×25			6.0						7.5		2.8	+0.2 0		
8.0×11.0×28	0.40	0.60	8.0	0 −0.036	±0.018	−0.015 −0.051	+0.036 0	+0.098 +0.040	8.0		3.3		0.25	0.40
10.0×13.0×32			10.0						10.0		3.3			

注：键尺寸中的公称直径 D 为键槽直径最小值。

表 2-7-4　楔键（摘自 GB/T 1563—2017、GB/T 1564—2003、GB/T 1565—2003）　　　mm

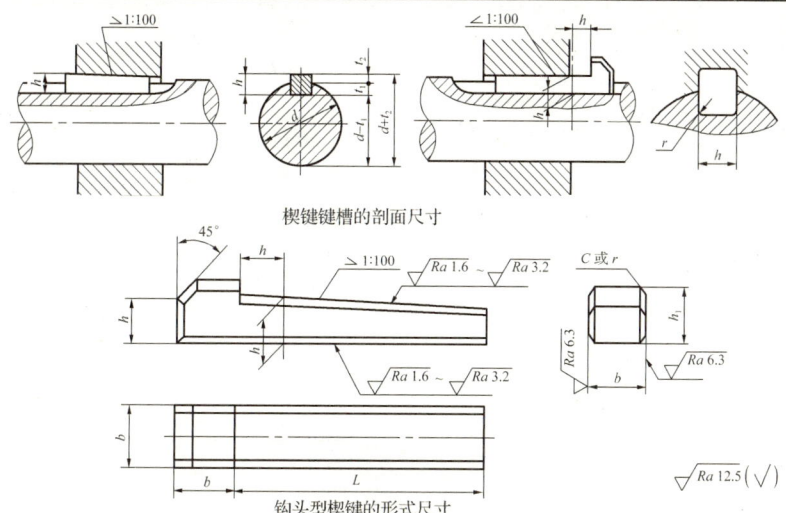

楔键键槽的剖面尺寸

钩头型楔键的形式尺寸

标记示例：
　　宽度 b=16 mm、高度 h=10 mm、长度 L=100 mm 普通 A 型楔键的标记为
　　GB/T 1564　键 16×100
　　宽度 b=16 mm、高度 h=10 mm、长度 L=100 mm 普通 B 型楔键的标记为
　　GB/T 1564　键 B16×100
　　宽度 b=16 mm、高度 h=10 mm、长度 L=100 mm 普通 C 型楔键的标记为
　　GB/T 1564　键 C16×100
　　宽度 b=16 mm、高度 h=10 mm、长度 L=100 mm 钩头型楔键的标记为
　　GB/T 1565　键 16×100

键尺寸 $b×h$	键槽 宽度 b 公称尺寸	极限偏差 正常连接 轴 N9	极限偏差 正常连接 毂 JS9	极限偏差 紧密连接 轴和毂 P9	极限偏差 松连接 轴 H9	极限偏差 松连接 毂 D10	深度 轴 t_1 公称尺寸	深度 轴 t_1 极限偏差	深度 毂 t_2 公称尺寸	深度 毂 t_2 基本偏差	半径 r 最小	半径 r 最大	L 钩头型	L 普通型
2×2	2	−0.004 −0.029	±0.012	−0.006 −0.031	+0.025 0	+0.060 +0.020	1.2	+0.1 0	1.0	+0.1 0	0.08	0.16	—	6~20
3×3	3						1.8		1.4				—	6~36
4×4	4	0 −0.030	±0.015	−0.012 −0.042	+0.030 0	+0.078 +0.030	2.5		1.8				14~45	8~45
5×5	5						3.0		2.3				14~56	10~56
6×6	6						3.5		2.8		0.16	0.25	14~70	14~70
8×7	8	0 −0.036	±0.018	−0.015 −0.051	+0.036 0	+0.098 +0.040	4.0		3.3				18~90	18~90
10×8	10						5.0		3.3				22~110	22~110
12×8	12						5.0		3.3				28~140	28~140
14×9	14	0 −0.043	±0.021	−0.018 −0.061	+0.043 0	+0.120 +0.050	5.5		3.8		0.25	0.40	36~160	36~160
16×10	16						6.0	+0.2 0	4.3	+0.2 0			45~180	45~180
18×11	18						7.0		4.4				50~200	50~200
20×12	20						7.5		4.9				56~220	56~220
22×14	22	0 −0.052	±0.026	−0.022 −0.074	+0.052 0	+0.149 +0.065	9.0		5.4		0.40	0.60	63~250	63~250
25×14	25						9.0		5.4				70~280	70~280
28×16	28						10.0		6.4				80~320	80~320

长度 L 的系列：6,8,10,12,14,16,18,20,22,25,28,32,36,40,45,50,56,63,70,80,90,100,110,125,140,160,180,200,220,250,280,320

注：1. $d+t_2$ 及 t_2 表示大端轮毂槽深度。
　　2. 在零件图中，轴槽深用 $(d−t_1)$ 标注，轮毂槽深用 $(d+t_2)$ 标注。
　　3. $(d−t_1)$ 和 $(d+t_2)$ 的尺寸偏差按相应的 t_1 和 t_2 的偏差选用，但 $(d−t_1)$ 公差值应取负号。
　　4. 安装时键的斜面与轮毂槽的斜面必须紧密贴合。
　　5. 普通型楔键的尺寸应符合 GB/T 1564—2003 的规定。钩头型楔键的尺寸应符合 GB/T 1565—2003 的规定。
　　6. 轴槽、轮毂槽的键槽宽度 b 两侧面粗糙度参数按 GB/T 1031—2009，选 Ra 值为 1.6~3.2 μm。轴槽底面、轮毂槽底面的表面粗糙度参数按 GB/T 1031—2009，选 Ra 值为 6.3 μm。

表 2-7-5　　　　　　　　　矩形花键(摘自 GB/T 1144—2001)　　　　　　　　　　　mm

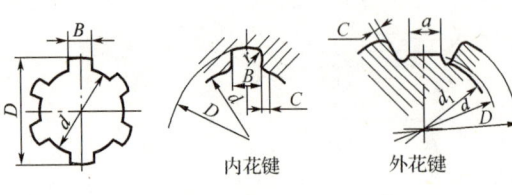

标记示例：

$N=6$、$d=23\dfrac{H7}{f7}$、$D=26\dfrac{H10}{a11}$、$B=6\dfrac{H11}{d10}$ 的花键标记为

花键规格：$N \times d \times D \times B$　$6 \times 23 \times 26 \times 6$

花键副：$6 \times 23 \dfrac{H7}{f7} \times 26 \dfrac{H10}{a11} \times 6 \dfrac{H11}{d10}$ GB/T 1144

内花键：$6 \times 23H7 \times 26H10 \times 6H11$ GB/T 1144

外花键：$6 \times 23f7 \times 26a11 \times 6d10$ GB/T 1144

公称尺寸系列和键槽截面尺寸

小径 d	轻系列 规格 N×d×D×B	C	r	参考 $d_{1\min}$	参考 $a_{\min}$	中系列 规格 N×d×D×B	C	r	参考 $d_{1\min}$	参考 $a_{\min}$
18	—					6×18×22×5	0.3	0.2	16.6	1.0
21	—					6×21×25×5			19.5	2.0
23	6×23×26×6	0.2	0.1	22	3.5	6×23×28×6			21.2	1.2
26	6×26×30×6			24.5	3.8	6×26×32×6			23.6	1.2
28	6×28×32×7			26.6	4.0	6×28×34×7			25.8	1.4
32	8×32×36×6	0.3	0.2	30.3	2.7	8×32×38×6	0.4	0.3	29.4	1.0
36	8×36×40×7			34.4	3.5	8×36×42×7			33.4	1.0
42	8×42×46×8			40.5	5.0	8×42×48×8			39.4	2.5
46	8×46×50×9			44.6	5.7	8×46×54×9			42.6	1.4
52	8×52×58×10			49.6	4.8	8×52×60×10	0.5	0.4	48.6	2.5
56	8×56×62×10			53.5	6.5	8×56×65×10			52.0	2.5
62	8×62×68×12			59.7	7.3	8×62×72×12			57.7	2.4
72	10×72×78×12	0.4	0.3	69.6	5.4	10×72×82×12	0.6	0.5	67.7	1.0
82	10×82×88×12			79.3	8.5	10×82×92×12			77.0	2.9
92	10×92×98×14			89.6	9.9	10×92×102×14			87.3	4.5
102	10×102×108×16			99.6	11.3	10×102×112×16			97.7	6.2

内、外花键的尺寸公差带

内花键 d	内花键 D	内花键 B 拉削后不热处理	内花键 B 拉削后热处理	外花键 d	外花键 D	外花键 B	装配形式
一般用公差带							
H7	H10	H9	H11	f7	a11	d10	滑动
				g7		f9	紧滑动
				h7		h10	固定
精密传动用公差带							
H5	H10	H7、H9		f5	a11	d8	滑动
				g5		f7	紧滑动
				h5		h8	固定
H6				f6		d8	滑动
				g6		f7	紧滑动
				h6		h8	固定

注：1. 精密传动用的内花键，当需要控制键侧配合间隙时，槽宽可选用 H7，一般情况下可选用 H9。

2. d 为 H6 和 H7 的内花键，允许与高一级的外花键配合。

表 2-7-6　　　　　　　　　　圆锥销（摘自 GB/T 117—2000）　　　　　　　　　　mm

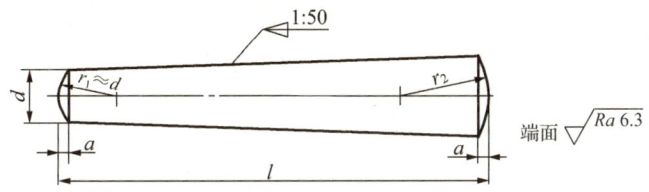

$$r_2 \approx \frac{a}{2} + d + \frac{(0.021)^2}{8a}$$

A 型（磨削）：锥面表面粗糙度 $Ra = 0.8\ \mu m$

B 型（切削或冷镦）：锥面表面粗糙度 $Ra = 3.2\ \mu m$

标记示例：

公称直径 $d = 6$ mm、公称长度 $l = 30$ mm、材料为 35 钢、热处理硬度为 28HRC～38HRC、表面氧化处理的 A 型圆锥销的标记为

销　GB/T 117　6×30

$d(h10)$①	0.6	0.8	1	1.2	1.5	2	2.5	3	4	5
$a \approx$	0.08	0.1	0.12	0.16	0.2	0.25	0.3	0.4	0.5	0.63
l 的范围	4～8	5～12	6～16	6～20	8～24	10～35	10～35	12～45	14～55	18～60
$d(h10)$①	6	8	10	12	16	20	25	30	40	50
$a \approx$	0.8	1	1.2	1.6	2	2.5	3	4	5	6.3
l 的范围	22～90	22～120	26～160	32～180	40～200	45～200	50～200	55～200	60～200	65～200
l 系列	2,3,4,5,6,8,10,12,14,16,18,20,22,24,26,28,30,32,35,40,45,50,55,60,65,70,75,80,85,90,95,100,120,140,160,180,200									

注：1. d 的其他公差，如 a11、c11、f8 由供需双方协议。

　　2. 公称长度 l 大于 200 mm，按 20 mm 递增。

表 2-7-7　　　　　　　　圆柱销（摘自 GB/T 119.1—2000、GB/T 119.2—2000）　　　　　　　mm

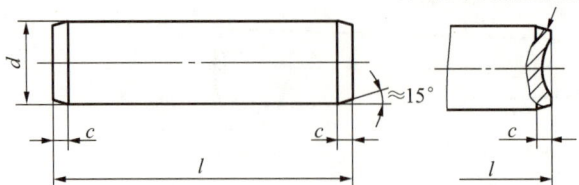

标记示例：

公称直径 $d=6$、公差为 m6、公称长度 $l=30$、材料为钢、不经淬火、不经表面处理的圆柱销的标记为

　　销　GB/T 119.1　6 m6×30

公称直径 $d=6$、公差为 m6、公称长度 $l=30$、材料为 C1 组马氏体不锈钢、表面简单处理的圆柱销的标记为

　　销　GB/T 119.2　6×30－C1

d m6/h8	0.6	0.8	1	1.2	1.5	2	2.5	3	4	5
$c\approx$	0.12	0.16	0.2	0.25	0.3	0.35	0.4	0.5	0.63	0.8
l	2～6	2～8	4～10	4～12	4～16	6～20	6～24	8～30	8～40	10～50
1 m 长的质量/kg	0.002	0.004	0.006	—	0.014	0.024	0.037	0.054	0.097	0.147
d m6/h8	6	8	10	12	16	20	25	30	40	50
c	1.2	1.6	2	2.5	3	3.5	4	5	6.3	8
商品规格 l	12～60	14～80	18～95	22～140	26～180	35～200	50～200	60～200	80～200	95～200
1 m 长的质量/kg	0.221	0.395	0.611	0.887	1.57	2.42	3.83	5.52	9.64	15.2
l 系列	2,3,4,5,6,8,10,12,14,16,18,20,22,24,26,28,30,32,35,40,45,50,55,60,65,70,75,80,85,90,95,100,120,140,160,180,200									

注：1. d(GB/T 119.1—2000)的其他公差由供需双方协议。

　　2. d(GB/T 119.2—2000)的尺寸范围为 1～20 mm。

　　3. 公称长度 l 大于 200 mm(GB/T 119.1—2000)或大于 100 mm(GB/T 119.2—2000)，按 20 mm 递增。

资料八 联 轴 器

表 2-8-1 联轴器轴孔型式及代号(摘自 GB/T 3852—2017)

名 称	型式及代号	图 示	备 注
圆柱形轴孔	Y 型		适用于长、短系列，推荐选用短系列
有沉孔的短圆柱形轴孔	J 型		推荐选用
有沉孔的圆锥形轴孔	Z 型		适用于长、短系列
圆锥形轴孔	Z1 型		适用于长、短系列

表 2-8-2　　　　　联轴器联结型式及代号（摘自 GB/T 3852—2017）

名　称	型式及代号	图　示
平键单键槽	A 型	
120°布置平键双键槽	B 型	
180°布置平键双键槽	B_1 型	
圆锥形轴孔平键单键槽	C 型	
圆柱形轴孔普通切向键键槽	D 型	

表 2-8-3　联轴器 Y 型、J 型轴孔系列尺寸(摘自 GB/T 3852—2017)

直径 d		长　度			沉孔尺寸		A 型、B 型、B_1 型键槽					B 型键槽		D 型键槽		
		L		L_1	d_1	R	b		t		t_1	T		t_1		b_1
公称尺寸	极限偏差 H7	长系列	长系列				公称尺寸	极限偏差 P9	公称尺寸	极限偏差	极限偏差	位置度公差	公差尺寸	公差尺寸	极限偏差	
6	+0.012　0	15					2	−0.006　−0.081	7.0	+0.10　0	+0.2　0	0.03				
7									8.0							
8	+0.015　0	20							9.0							
9									10.4							
10		25	22				3		11.4							
11									12.8							
12		32	27		38	1.5	4		13.8							
14	+0.018　0								16.3							
16		42	30	42			5	−0.012　−0.042	18.3							
18									20.8							
19		52	38	52			6		21.8							
20	+0.021　0								22.8							
22		62	44	62	48				24.8							
24							8	−0.015　−0.051	27.3	+0.20　0	+0.4　0	0.04				
25									28.3							
28									31.3							
30		82	60	82	55				33.3							
33	+0.025　0					9.0	10		35.3							
35									38.3							
38					65				41.3							

续表

直径 d		长 度			沉孔尺寸		A型、B型、B_1型键槽					B型键槽	D型键槽		
		L		L_1			b		t		t_1	T		t_1	b_1
公称尺寸	极限偏差 H7	长系列	长系列		d_1	R	公称尺寸	极限偏差 P9	公称尺寸	极限偏差	公称尺寸 极限偏差	位置度公差	公差尺寸	极限偏差	
40	+0.025 / 0	112	84	112	65	2.0	12	−0.018 / −0.061	43.3	+0.20 / 0		0.05	—	—	—
42									45.3						—
45					80		14		48.8						—
48									51.8						—
50					95		16		53.8				7		—
55									59.3		46.6				19.3
56									60.3		48.6				19.8
60	+0.030 / 0	142	107	142	105	2.5	18		64.4		52.6				20.1
63									67.4		55.6				21.0
65					120		20	−0.022 / −0.074	69.4		57.6				22.5
70									74.9		63.6			8	23.2
71									75.9		64.6		0.06		24.0
75					140		22		79.9		68.8			0 / −0.02	24.8
80									85.4		71.8				25.6
85	+0.035 / 0	172	132	172					90.4		73.8				27.8
90					160		25		95.4		79.8				28.6
95											80.8			9	30.1
100		212	167	212					100.4		84.8				
					180	3.0	28				90.8				
											95.8				
110									106.4		100.8				
											105.8				
									116.4		112.8				
											122.8				

表 2-8-4　　圆柱形轴孔与轴伸的配合（摘自 GB/T 3852—2017）

直径 d/mm	配合代号	
>6～30	H7/j6	根据使用要求，也可采用 H7/n6、H7/p6 和 H7/r6
>30～50	H7/k6	
>50	H7/m6	

表 2-8-5　　凸缘联轴器（摘自 GB/T 5843—2003）

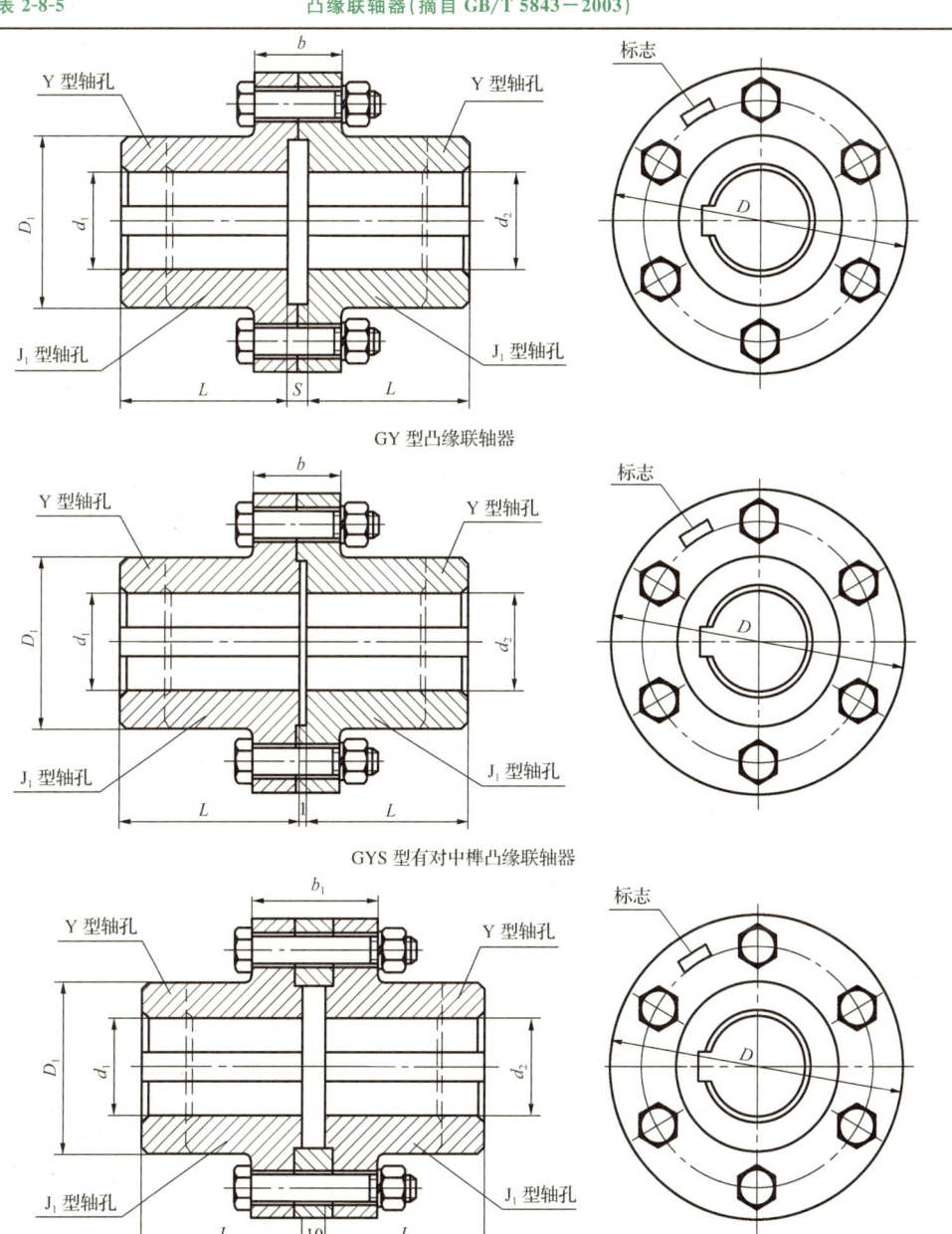

GY 型凸缘联轴器

GYS 型有对中榫凸缘联轴器

GYH 型有对中环凸缘联轴器

标记示例：
　　主动端：Y 型轴孔，A 型键槽，$d=30$ mm，$L=60$ mm
　　从动端：J_1 型轴孔，B 型键槽，$d=28$ mm，$L=44$ mm
　　GY4 联轴器 $\dfrac{Y30\times 60}{J_1 B28\times 44}$ GB/T 5843—2003

续表

型号	公称转矩 T_n/(N·m)	许用转速 $[n]$/(r·min^{-1})	轴孔直径 d_1、d_2/mm	轴孔长度 L/mm Y型	轴孔长度 L/mm J$_1$型	D/mm	D_1/mm	b/mm	b_1/mm	S/mm	转动惯量 I/(kg·m^2)	质量 m/kg
GY1 GYS1 GYH1	25	12 000	12	32	27	80	30	26	42	6	0.000 8	1.16
			14									
			16	42	30							
			18									
			19									
GY2 GYS2 GYH2	63	10 000	16	42	30	90	40	28	44	6	0.001 5	1.72
			18									
			19									
			20	52	38							
			22									
			24	62	44							
			25									
GY3 GYS3 GYH3	112	9 500	20	52	38	100	45	30	46	6	0.002 5	2.38
			22									
			24									
			25	62	44							
			28									
GY4 GYS4 GYH4	224	9 000	25	62	44	105	55	32	48	6	0.003	3.15
			28									
			30	82	60							
			32									
			35									
GY5 GYS5 GYH5	400	8 000	30	82	60	120	68	36	52	8	0.007	5.43
			32									
			35									
			38									
			40	112	84							
			42									

资料八 联轴器

续表

型号	公称转矩 T_n/(N·m)	许用转速 $[n]$/(r·min^{-1})	轴孔直径 d_1、d_2/mm	轴孔长度 L/mm Y型	轴孔长度 L/mm J$_1$型	D/mm	D$_1$/mm	b/mm	b$_1$/mm	S/mm	转动惯量 I/(kg·m^2)	质量 m/kg
GY6 GYS6 GYH6	900	6 800	38	82	60	140	80	40	56	8	0.015	7.59
			40	112	84							
			42									
			45									
			48									
			50									
GY7 GYS7 GYH7	1 600	6 000	48	112	84	160	100	40	56	8	0.031	13.1
			50									
			55									
			56									
			60	142	107							
			63									
GY8 GYS8 GYH8	3 150	4 800	60	142	107	200	130	50	68	10	0.103	27.5
			63									
			65									
			70									
			71									
			75									
			80	172	132							
GY9 GYS9 GYH9	6 300	3 600	75	142	107	260	160	66	84	10	0.319	47.8
			80	172	132							
			85									
			90									
			95									
			100	212	167							
GY10 GYS10 GYH10	10 000	3 200	90	172	132	300	200	72	90	10	0.720	82.0
			95									
			100	212	167							
			110									
			120									
			125									

续表

型号	公称转矩 $T_n/(N·m)$	许用转速 $[n]/(r·min^{-1})$	轴孔直径 d_1、d_2/mm	轴孔长度 L/mm Y型	轴孔长度 L/mm J_1型	D/mm	D_1/mm	b/mm	b_1/mm	S/mm	转动惯量 $I/(kg·m^2)$	质量 m/kg
GY11 GYS11 GYH11	25 000	2 500	120	212	167	380	260	80	98	10	2.278	162.2
			125									
			130	252	202							
			140									
			150									
			160	302	242							
GY12 GYS12 GYH12	50 000	2 000	150	252	202	460	320	92	112	12	5.923	285.6
			160	302	242							
			170									
			180									
			190	352	282							
			200									
GY13 GYS13 GYH13	100 000	1 600	190	352	282	590	400	110	130	12	19.978	611.9
			200									
			200									
			240	410	330							
			250									

注：1. 质量、转动惯量是按 GY 型联轴器 Y/J_1 轴孔组合形式和最小轴孔直径计算的。
  2. 联轴器型号与标记按 GB/T 12458—2017 的规定。
  3. 联轴器的轴孔型式与尺标记寸按 GB/T 3852—2017 的规定。

表 2-8-6　　　　　弹性套柱销联轴器（摘自 GB/T 4323—2017）　　　　　mm

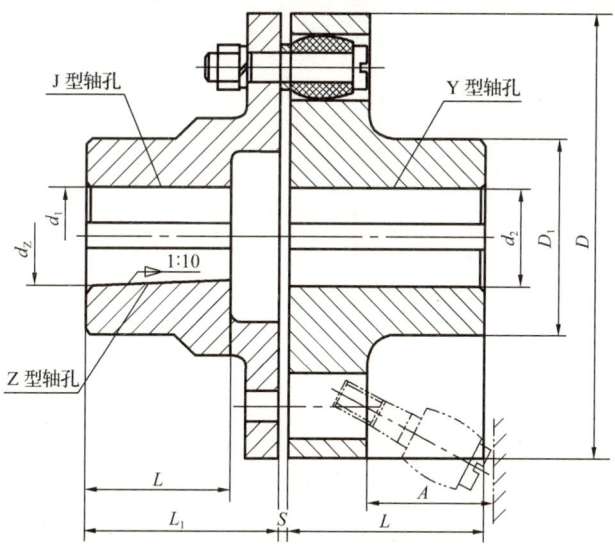

标记示例：
主动轴：Z 型轴孔，C 型键槽，$d_Z = 50$ mm，$L = 84$ mm
从动轴：Y 型轴孔，A 型键槽，$d_1 = 60$ mm，$L = 142$ mm
LT8 联轴器 $\dfrac{ZC50 \times 84}{60 \times 142}$ GB/T 4323—2017

型号	公称转矩 $T_n/(\text{N}\cdot\text{m})$	许用转速 $[n]/(\text{r}\cdot\text{min}^{-1})$	轴孔直径 d_1, d_2, d_Z/mm	轴孔长度 Y型 L	J、Z型 L_1	J、Z型 L	D/mm	D_1/mm	S/mm	A/mm	转动惯量 /(kg·m²)	质量 /kg
LT1	16	8 800	10,11	22	25	22	71	22	3	18	0.000 4	0.7
			12,14	27	32	27						
LT2	25	7 600	12,14	27	32	27	80	30	3	18	0.001	1.0
			16,18,19	30	42	30						
LT3	63	6 300	16,18,19	30	42	30	95	35	4	35	0.002	2.2
			20,22	38	52	38						
LT4	100	5 700	20,22,24	38	52	38	106	42	4	35	0.004	3.2
			25,28	44	62	44						
LT5	224	4 600	25,28	44	62	44	130	56	5	45	0.011	5.5
			30,32,35	60	82	60						
LT6	355	3 800	32,35,38	60	82	60	160	71	5	45	0.026	9.6
			40,42	84	112	84						
LT7	560	3 600	40,42,45,48	84	112	84	190	80	5	45	0.06	15.7
LT8	1 120	3 000	40,42,45,48,50,55	84	112	84	224	95	6	65	0.13	24.0
			60,63,65	107	142	107						
LT9	1 600	2 850	50,55	84	112	84	250	110	6	65	0.20	31.0
			60,63,65,70	107	142	107						
LT10	3 150	2 300	63,65,70,75	107	142	107	315	150	8	80	0.64	60.2
			80,85,90,95	132	172	132						
LT11	6 300	1 800	80,85,90,95	132	172	132	400	190	10	100	2.06	114
			100,110	167	212	167						
LT12	12 500	1 450	100,110,120,125	167	212	167	475	220	12	130	5.00	212
			130	202	252	202						
LT13	22 400	1 150	120,125	167	212	167	600	280	14	180	16.00	416
			130,140,150	202	252	202						
			160,170	242	302	242						

注：1. 转动惯量和质量是按 Y 型最大轴孔长度、最小轴孔直径计算的数值。
　　2. 轴孔型式组合为 Y/Y、J/Y、Z/Y。

表 2-8-7　　　　　　　　弹性柱销联轴器（摘自 GB/T 5014—2017）

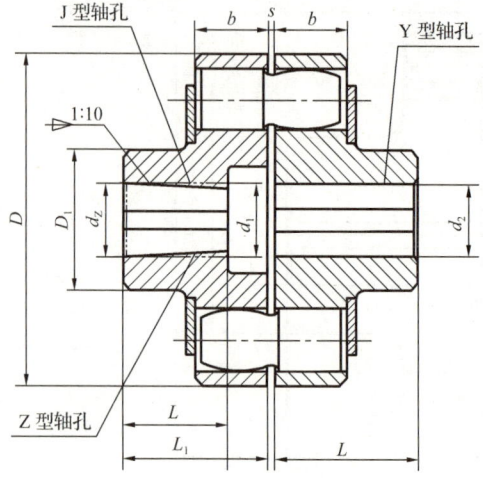

标记示例：

主动端：Z 型轴孔，C 型键槽，$d_z=75$，$L_1=107$

从动端：J 型轴孔，B 型键槽，$d_z=70$，$L_1=107$

LX7 联轴器 $\dfrac{ZC75\times107}{JB70\times107}$　GB/T 5014—2017

型号	公称转矩 T_n/(N·m)	许用转速 $[n]$/(r·min^{-1})	轴孔直径 d_1、d_2、d_z/mm	轴孔长度/mm Y型 L	轴孔长度/mm J、J$_1$、Z型 L	轴孔长度/mm L$_1$	D/mm	D$_1$/mm	b/mm	S/mm	转动惯量 I/(kg·m^2)	质量 m/kg
LX1	250	8 500	12,14	32	27	—	90	40	20	2.5	0.002	2
			16,18,19	42	30	42						
			20,22,24	52	38	52						
LX2	560	6 300	20,22,24	52	38	52	120	55	28	2.5	0.009	5
			25,28	62	44	62						
			30,32,35	82	60	82						
LX3	1 250	4 750	30,32,35,38	82	60	82	160	75	36	2.5	0.026	8
			40,42,45,48	112	84	112						
LX4	2 500	3 850	40,42,45,48,50,55,56	112	84	112	195	100	45	3	0.109	22
			60,63	142	107	142						

续表

型号	公称转矩 T_n/(N·m)	许用转速 $[n]$/(r·min^{-1})	轴孔直径 d_1、d_2、d_z/mm	轴孔长度/mm Y型 L	J、J$_1$、Z型 L	J、J$_1$、Z型 L$_1$	D/mm	D$_1$/mm	b/mm	S/mm	转动惯量 I/(kg·m^2)	质量 m/kg
LX5	3 150	3 450	50,55,56	112	84	112	220	120	45	3	0.191	30
			60,63,65,70,71,75	142	107	142						
LX6	6 300	2 720	60,63,65,70,71,75	142	107	142	280	140	56	4	0.543	53
			80,85	172	132	172						
LX7	11 200	2 360	70,71,75	142	107	142	320	170	56	4	1.314	98
			80,85,90,95	172	132	172						
			100,110	212	167	212						
LX8	16 000	2 120	80,85,90,95	172	132	172	360	200	56	5	2.023	119
			100,110,120,125	212	167	212						
LX9	22 400	1 850	100,110,120,125	212	167	212	410	230	63	5	4.386	197
			130,140	252	202	252						
LX10	35 500	1 600	110,120,125	212	167	212	480	280	75	6	9.760	322
			130,140,150	252	202	252						
			160,170,180	302	242	302						

注：质量、转动惯量是按 J/Y 轴孔组合形式和最小轴孔直径计算的。

资料九 滚动轴承

表 2-9-1　　深沟球轴承(摘自 GB/T 276—2013)

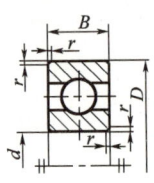
60000型

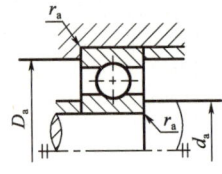
安装尺寸

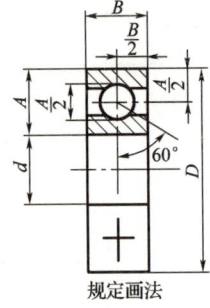
规定画法

标记示例：

滚动轴承　6012　GB/T 276—2013

F_a/C_{0r}	e	Y	径向当量动载荷	径向当量静载荷
0.014	0.19	2.30		
0.028	0.22	1.99		
0.056	0.26	1.71		$P_{0r}=F_r$
0.084	0.28	1.55	当 $\dfrac{F_a}{F_r} \leqslant e$ 时, $P_r=F_r$	
0.11	0.30	1.45		$P_{0r}=0.6F_r+0.5F_a$
0.17	0.34	1.31	当 $\dfrac{F_a}{F_r} > e$ 时, $P_r=0.056F_r+YF_a$	取上列两式计算结果的较大值
0.28	0.38	1.15		
0.42	0.42	1.04		
0.56	0.44	1.00		

续表

轴承代号	外形尺寸/mm				安装尺寸/mm			基本额定动载荷 C_r	基本额定静载荷 C_{0r}	极限转速/($r \cdot min^{-1}$)		原轴承代号
	d	D	B	r_s min	d_a min	D_a max	r_{as} max	kN		脂润滑	油润滑	
10 尺寸系列												
6000	10	26	8	0.3	12.4	23.6	0.3	4.58	1.98	20 000	28 000	100
6001	12	28	8	0.3	14.4	25.6	0.3	5.10	2.38	19 000	26 000	101
6002	15	32	9	0.3	17.4	29.6	0.3	5.58	2.85	18 000	24 000	102
6003	17	35	10	0.3	19.4	32.6	0.3	6.00	3.25	17 000	22 000	103
6004	20	42	12	0.6	25	37	0.6	9.38	5.02	15 000	19 000	104
6005	25	47	12	0.6	30	42	0.6	10.0	5.85	13 000	17 000	105
6006	30	55	13	1	36	49	1	13.2	8.30	10 000	14 000	106
6007	35	62	14	1	41	56	1	16.2	10.5	9 000	12 000	107
6008	40	68	15	1	46	62	1	17.0	11.8	8 500	11 000	108
6009	45	75	16	1	51	69	1	21.0	14.8	8 000	10 000	109
6010	50	80	16	1	56	74	1	22.0	16.2	7 000	9 000	110
6011	55	90	18	1.1	62	83	1	30.2	21.8	6 300	8 000	111
6012	60	95	18	1.1	67	88	1	31.5	24.2	6 000	7 500	112
6013	65	100	18	1.1	72	93	1	32.0	24.8	5 600	7 000	113
6014	70	110	20	1.1	77	103	1	38.5	30.5	5 300	6 700	114
6015	75	115	20	1.1	82	108	1	40.2	33.2	5 000	6 300	115
6016	80	125	22	1.1	87	118	1	47.5	39.8	4 800	6 000	116
6017	85	130	22	1.1	92	123	1	50.8	42.8	4 500	5 600	117
6018	90	140	24	1.5	99	131	1.5	58.0	49.8	4 300	5 300	118
6019	95	145	24	1.5	104	136	1.5	59.8	50.0	4 000	5 000	119
6020	100	150	24	1.5	109	141	1.5	64.5	56.2	3 800	4 800	120
02 尺寸系列												
6200	10	30	9	0.6	15	25	0.6	5.10	2.38	19 000	26 000	200
6201	12	32	10	0.6	17	27	0.6	6.82	3.05	18 000	24 000	201
6202	15	35	11	0.6	20	30	0.6	7.65	3.72	17 000	22 000	202
6203	17	40	12	0.6	22	35	0.6	9.58	4.78	16 000	20 000	203
6204	20	47	14	1	26	41	1	12.8	6.65	14 000	18 000	204
6205	25	52	15	1	31	46	1	14.0	7.88	12 000	16 000	205
6206	30	62	16	1	36	56	1	19.5	11.5	9 500	13 000	206
6207	35	72	17	1.1	42	65	1	25.5	15.2	8 500	11 000	207
6208	40	80	18	1.1	47	73	1	29.5	18.0	8 000	10 000	208
6209	45	85	19	1.1	52	78	1	31.5	20.5	7 000	9 000	209
6210	50	90	20	1.1	57	83	1	35.0	23.2	6 700	8 500	210
6211	55	100	21	1.5	64	91	1.5	43.2	29.2	6 000	7 500	211
6212	60	110	22	1.5	69	101	1.5	47.8	32.8	5 600	7 000	212
6213	65	120	23	1.5	74	111	1.5	57.2	40.0	5 000	6 300	213
6214	70	125	24	1.5	79	116	1.5	60.8	45.0	4 800	6 000	214
6215	75	130	25	1.5	84	121	1.5	66.0	49.5	4 500	5 600	215
6216	80	140	26	2	90	130	2	71.5	54.2	4 300	5 300	216
6217	85	150	28	2	95	140	2	83.2	63.8	4 000	5 000	217
6218	90	160	30	2	100	150	2	95.8	71.5	3 800	4 800	218
6219	95	170	32	2.1	107	158	2.1	110	82.8	3 600	4 500	219
6220	100	180	34	2.1	112	168	2.1	122	92.8	3 400	4 300	220

续表

轴承代号	外形尺寸/mm				安装尺寸/mm			基本额定动载荷 C_r	基本额定静载荷 C_{0r}	极限转速/($r \cdot min^{-1}$)		原轴承代号
	d	D	B	r_s min	d_a min	D_a max	r_{as} max	kN		脂润滑	油润滑	

03 尺寸系列												
6300	10	35	11	0.6	15	30	0.6	7.65	3.48	18 000	24 000	300
6301	12	37	12	1	18	31	1	9.72	5.08	17 000	22 000	301
6302	15	42	13	1	21	36	1	11.5	5.42	16 000	20 000	302
6303	17	47	14	1	23	41	1	13.5	6.58	15 000	19 000	303
6304	20	52	15	1.1	27	45	1	15.8	7.88	13 000	17 000	304
6305	25	62	17	1.1	32	55	1	22.2	11.5	10 000	14 000	305
6306	30	72	19	1.1	37	65	1	27.0	15.2	9 000	12 000	306
6307	35	80	21	1.5	44	71	1.5	33.2	19.2	8 000	10 000	307
6308	40	90	23	1.5	49	81	1.5	40.8	24.0	7 000	9 000	308
6309	45	100	25	1.5	54	91	1.5	52.8	31.8	6 300	8 000	309
6310	50	110	27	2	60	100	2	61.8	38.0	6 000	7 500	310
6311	55	120	29	2	65	110	2	71.5	44.8	5 300	6 700	311
6312	60	130	31	2.1	72	118	2.1	81.8	51.8	5 000	6 300	312
6313	65	140	33	2.1	77	128	2.1	93.8	60.5	4 500	5 600	313
6314	70	150	35	2.1	82	138	2.1	105	68.0	4 300	5 300	314
6315	75	160	37	2.1	87	148	2.1	112	76.8	4 000	5 000	315
6316	80	170	39	2.1	92	158	2.1	122	86.5	3 800	4 800	316
6317	85	180	41	3	99	166	2.5	132	96.5	3 600	4 500	317
6318	90	190	43	3	104	176	2.5	145	108	3 400	4 300	318
6319	95	200	45	3	109	186	2.5	155	122	3 200	4 000	319
6320	100	215	47	3	114	201	2.5	172	140	2 800	3 600	320
04 尺寸系列												
6403	17	62	17	1.1	24	55	1	22.5	10.8	11 000	15 000	403
6404	20	72	19	1.1	27	65	1	31.0	15.2	9 500	13 000	404
6405	25	80	21	1.5	34	71	1.5	38.2	19.2	8 500	11 000	405
6406	30	90	23	1.5	39	81	1.5	47.5	24.5	8 000	10 000	406
6407	35	100	25	1.5	44	91	1.5	56.8	29.5	6 700	8 500	407
6408	40	110	27	2	50	100	2	65.5	37.5	6 300	8 000	408
6409	45	120	29	2	55	110	2	77.5	45.5	5 600	7 000	409
6410	50	130	31	2.1	62	118	2.1	92.2	55.2	5 300	6 700	410
6411	55	140	33	2.1	67	128	2.1	100	62.5	4 800	6 000	411
6412	60	150	35	2.1	72	138	2.1	108	70.0	4 500	5 600	412
6413	65	160	37	2.1	77	148	2.1	118	78.5	4 300	5 300	413
6414	70	180	42	3	84	166	2.5	140	99.5	3 800	4 800	414
6415	75	190	45	3	89	176	2.5	155	115	3 600	4 500	415
6416	80	200	48	3	94	186	2.5	162	125	3 400	4 300	416
6417	85	210	52	4	103	192	3	175	138	3 200	4 000	417
6418	90	225	54	4	108	207	3	192	158	2 800	3 600	418
6420	100	250	58	4	118	232	3	222	195	2 400	3 200	420

注：1. 表中 C_r 值适用于真空脱气轴承钢材料。若轴承材料为普通电炉钢，则 C_r 值减小；若为真空重熔或电渣重熔轴承钢，则 C_r 值增大。

2. r_s、r_{as} 分别为 r、r_a 的单向倒角尺寸。

资料九 滚动轴承

表 2-9-2　　　　　角接触球轴承（摘自 GB/T 292—2007）

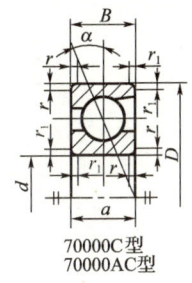
70000C 型
70000AC 型

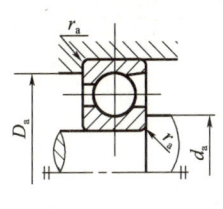
安装尺寸

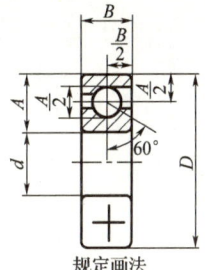
规定画法

标记示例：

滚动轴承　7205C　GB/T 292—2007

iF_a/C_{0r}	e	Y	70000C 型	70000AC 型
0.015	0.38	1.47	径向当量动载荷	径向当量动载荷
0.029	0.40	1.40	当 $F_a/F_r \leqslant e$ 时，$P_r = F_r$	当 $F_a/F_r \leqslant 0.68$ 时，$P_r = F_r$
0.058	0.43	1.30	当 $F_a/F_r > e$ 时，$P_r = 0.44F_r + YF_a$	当 $F_a/F_r > 0.68$ 时，$P_r = 0.41F_r + 0.87F_a$
0.087	0.46	1.23		
0.12	0.47	1.19		
0.17	0.50	1.12	径向当量静载荷	径向当量静载荷
0.29	0.55	1.02	$P_{0r} = 0.5F_r + 0.46F_a$	$P_{0r} = 0.5F_r + 0.38F_a$
0.44	0.56	1.00	当 $P_{0r} < F_r$ 时，取 $P_{0r} = F_r$	当 $P_{0r} < F_r$ 时，取 $P_{0r} = F_r$
0.58	0.56	1.00		

轴承代号		外形尺寸/mm					安装尺寸/mm			70000C 型 ($\alpha=15°$)			70000AC 型 ($\alpha=25°$)			极限转速/(r·min⁻¹)		原轴承代号	
		d	D	B	r_s min	r_{1s} min	d_a min	D_a max	r_{as} max	a/mm	基本额定动载荷 C_r kN	基本额定静载荷 C_{0r} kN	a/mm	基本额定动载荷 C_r kN	基本额定静载荷 C_{0r} kN	脂润滑	油润滑	
(1) 0 尺寸系列																		
7000C	7000AC	10	26	8	0.3	0.1	12.4	23.6	0.3	6.4	4.92	2.25	8.2	4.75	2.12	19 000	28 000	36 100　46 100
7001C	7001AC	12	28	8	0.3	0.1	14.4	25.6	0.3	6.7	5.42	2.65	8.7	5.20	2.55	18 000	26 000	36 101　46 101
7002C	7002AC	15	32	9	0.3	0.1	17.4	29.6	0.3	7.6	6.25	3.42	10	5.95	3.25	17 000	24 000	36 102　46 102
7003C	7003AC	17	35	10	0.3	0.1	19.4	32.6	0.3	8.5	6.60	3.85	11.1	6.30	3.68	16 000	22 000	36 103　46 103
7004C	7004AC	20	42	12	0.6	0.3	25	37	0.6	10.2	10.5	6.08	13.2	10.0	5.78	14 000	19 000	36 104　46 104
7005C	7005AC	25	47	12	0.6	0.3	30	42	0.6	10.8	11.5	7.45	14.4	11.2	7.08	12 000	17 000	36 105　46 105
7006C	7006AC	30	55	13	1	0.3	36	49	1	12.2	15.2	10.2	16.4	14.5	9.85	9 500	14 000	36 106　46 106
7007C	7007AC	35	62	14	1	0.3	41	56	1	13.5	19.5	14.2	18.3	18.5	13.5	8 500	12 000	36 107　46 107
7008C	7008AC	40	68	15	1	0.3	46	62	1	14.7	20.0	15.2	20.1	19.0	14.5	8 000	11 000	36 108　46 108
7009C	7009AC	45	75	16	1	0.3	51	69	1	16	25.8	20.5	21.9	25.8	19.5	7 500	10 000	36 109　46 109

续表

轴承代号		外形尺寸/mm					安装尺寸/mm			70000C 型 ($\alpha=15°$)			70000AC 型 ($\alpha=25°$)			极限转速/($r \cdot min^{-1}$)		原轴承代号	
		d	D	B	r_s min	r_{1s} min	d_a min	D_a max	r_{as} max	a/mm	基本额定动载荷 C_r kN	基本额定静载荷 C_{0r} kN	a/mm	基本额定动载荷 C_r kN	基本额定静载荷 C_{0r} kN	脂润滑	油润滑		
7010C	7010AC	50	80	16	1	0.3	56	74	1	16.7	26.5	22.0	23.2	25.2	21.0	6 700	9 000	36 110	46 110
7011C	7011AC	55	90	18	1.1	0.6	62	83	1	18.7	37.2	30.5	25.9	35.2	29.2	6 000	8 000	36 111	46 111
7012C	7012AC	60	95	18	1.1	0.6	67	88	1	19.4	38.2	32.8	27.1	36.2	31.5	5 600	7 500	36 112	46 112
7013C	7013AC	65	100	18	1.1	0.6	72	93	1	20.1	40.0	35.5	28.2	38.0	33.8	5 300	7 000	36 113	46 113
7014C	7014AC	70	110	20	1.1	0.6	77	103	1	22.1	48.2	43.5	30.9	45.8	41.5	5 000	6 700	36 114	46 114
7015C	7015AC	75	115	20	1.1	0.6	82	108	1	22.7	49.5	46.5	32.2	46.8	44.2	4 800	6 300	36 115	46 115
7016C	7016AC	80	125	22	1.1	0.6	89	116	1.5	24.7	58.5	55.8	34.9	55.5	53.2	4 500	6 000	36 116	46 116
7017C	7017AC	85	130	22	1.1	0.6	94	121	1.5	25.4	62.5	60.2	36.1	59.2	57.2	4 300	5 600	36 117	46 117
7018C	7018AC	90	140	24	1.5	0.6	99	131	1.5	27.4	71.5	69.8	38.8	67.5	66.5	4 000	5 300	36 118	46 118
7019C	7019AC	95	145	24	1.5	0.6	104	136	1.5	28.1	73.5	73.2	40	69.5	69.8	3 800	5 000	36 119	46 119
7020C	7020AC	100	150	24	1.5	0.6	109	141	1.5	28.7	79.2	78.5	41.2	75	74.8	3 800	5 000	36 120	46 120
(0)2 尺寸系列																			
7200C	7200AC	10	30	9	0.6	0.3	15	25	0.6	7.2	5.82	2.95	9.2	5.58	2.82	18 000	26 000	36 200	46 200
7201C	7201AC	12	32	10	0.6	0.3	17	27	0.6	8	7.35	3.52	10.2	7.10	3.35	17 000	24 000	36 201	46 201
7202C	7202AC	15	35	11	0.6	0.3	20	30	0.6	8.9	8.68	4.62	11.4	8.35	4.40	16 000	22 000	36 202	46 202
7203C	7203AC	17	40	12	0.6	0.3	22	35	0.6	9.9	10.8	5.95	12.8	10.5	5.65	15 000	20 000	36 203	46 203
7204C	7204AC	20	47	14	1	0.3	26	41	1	11.5	14.5	8.22	14.9	14.0	7.82	13 000	18 000	36 204	46 204
7205C	7205AC	25	52	15	1	0.3	31	46	1	12.7	16.5	10.5	16.4	15.8	9.88	11 000	16 000	36 205	46 205
7206C	7206AC	30	62	16	1	0.3	36	56	1	14.2	23.0	15.0	18.7	22.0	14.2	9 000	13 000	36 206	46 206
7207C	7207AC	35	72	17	1.1	0.3	42	65	1	15.7	30.5	20.0	21	29.0	19.2	8 000	11 000	36 207	46 207
7208C	7208AC	40	80	18	1.1	0.6	47	73	1	17	36.8	25.8	23	35.2	24.5	7 500	10 000	36 208	46 208
7209C	7209AC	45	85	19	1.1	0.6	52	78	1	18.2	38.5	28.5	24.7	36.8	27.2	6 700	9 000	36 209	46 209
7210C	7210AC	50	90	20	1.1	0.6	57	83	1	19.4	42.8	32.0	26.3	40.8	30.5	6 300	8 500	36 210	46 210
7211C	7211AC	55	100	21	1.5	0.6	64	91	1.5	20.9	52.8	40.5	28.6	50.5	38.5	5 600	7 500	36 211	46 211
7212C	7212AC	60	110	22	1.5	0.6	69	101	1.5	22.4	61.0	48.5	30.8	58.2	46.2	5 300	7 000	36 212	46 212
7213C	7213AC	65	120	23	1.5	0.6	74	111	1.5	24.2	69.8	55.2	33.5	66.5	52.5	4 800	6 300	36 213	46 213
7214C	7214AC	70	125	24	1.5	0.6	79	116	1.5	25.3	70.2	60.0	35.1	69.2	57.5	4 500	6 000	36 214	46 214
7215C	7215AC	75	130	25	1.5	0.6	84	121	1.5	26.4	79.2	65.8	36.6	75.2	63.0	4 300	5 600	36 215	46 215
7216C	7216AC	80	140	26	2	1	90	130	2	27.7	89.5	78.2	38.9	85.0	74.5	4 000	5 300	36 216	46 216
7217C	7217AC	85	150	28	2	1	95	140	2	29.9	99.8	85.0	41.6	94.8	81.5	3 800	5 000	36 217	46 217
7218C	7218AC	90	160	30	2	1	100	150	2	31.7	122	105	44.2	118	100	3 600	4 800	36 218	46 218
7219C	7219AC	95	170	32	2.1	1.1	107	158	2.1	33.8	135	115	46.9	128	108	3 400	4 500	36 219	46 219
7220C	7220AC	100	180	34	2.1	1.1	112	168	2.1	35.8	148	128	49.7	142	122	3 200	4 300	36 220	46 220

续表

轴承代号		外形尺寸/mm					安装尺寸/mm			70000C型 ($\alpha=15°$)			70000AC型 ($\alpha=25°$)			极限转速/(r·min^{-1})		原轴承代号
		d	D	B	r_s min	r_{1s} min	d_a min	D_a max	r_{as}	a/mm	基本额定动载荷 C_r kN	基本额定静载荷 C_{0r} kN	a/mm	基本额定动载荷 C_r kN	基本额定静载荷 C_{0r} kN	脂润滑	油润滑	

(0)3 尺寸系列

7301C	7301AC	12	37	12	1	0.3	18	31	1	8.6	8.10	5.22	12	8.08	4.88	16 000	22 000	36 301	46 301
7302C	7302AC	15	42	13	1	0.3	21	36	1	9.6	9.38	5.95	13.5	9.08	5.58	15 000	20 000	36 302	46 302
7303C	7303AC	17	47	14	1	0.3	23	41	1	10.4	12.8	8.62	14.8	11.5	7.08	14 000	19 000	36 303	46 303
7304C	7304AC	20	52	15	1.1	0.6	27	45	1	11.3	14.2	9.68	16.8	13.8	9.10	12 000	17 000	36 304	46 304
7305C	7305AC	25	62	17	1.1	0.6	32	55	1	13.1	21.5	15.8	19.1	20.8	14.8	9 500	14 000	36 305	46 305
7306C	7306AC	30	72	19	1.1	0.6	37	65	1	15	26.5	19.8	22.2	25.2	18.5	8 500	12 000	36 306	46 306
7307C	7307AC	35	80	21	1.5	0.6	44	71	1.5	16.6	34.2	26.8	24.5	32.8	24.8	7 500	10 000	36 307	46 307
7308C	7308AC	40	90	23	1.5	0.6	49	81	1.5	18.5	40.2	32.3	27.5	38.5	30.5	6 700	9 000	36 308	46 308
7309C	7309AC	45	100	25	1.5	0.6	54	91	1.5	20.2	49.2	39.8	30.2	47.5	37.2	6 000	8 000	36 309	46 309
7310C	7310AC	50	110	27	2	1	60	100	2	22	53.5	47.2	33	55.5	44.5	5600	7 500	36 310	46 310
7311C	7311AC	55	120	29	2	1	65	110	2	23.8	70.5	60.5	35.8	67.2	56.8	5 000	6 700	36 311	46 311
7312C	7312AC	60	130	31	2.1	1.1	72	118	2.1	25.6	80.5	70.2	38.7	77.8	65.8	4 800	6 300	36 312	46 312
7313C	7313AC	65	140	33	2.1	1.1	77	128	2.1	27.4	91.5	80.5	41.5	89.8	75.5	4 300	5 600	36 313	46 313
7314C	7314AC	70	150	35	2.1	1.1	82	138	2.1	29.2	102	91.5	44.3	98.5	86.0	4 000	5 300	36 314	46 314
7315C	7315AC	75	160	37	2.1	1.1	87	148	2.1	31	112	105	47.2	108	97.0	3 800	5 000	36 315	46 315
7316C	7316AC	80	170	39	2.1	1.1	92	158	2.1	32.8	122	118	50	118	108	3 600	4 800	36 316	46 316
7317C	7317AC	85	180	41	3	1.1	99	166	2.5	34.6	132	128	52.8	125	122	3 400	4 500	36 317	46 317
7318C	7318AC	90	190	43	3	1.1	104	176	2.5	36.4	142	142	55.6	135	135	3 200	4 300	36 318	46 318
7319C	7319AC	95	200	45	3	1.1	109	186	2.5	38.2	152	158	58.5	145	148	3 000	4 000	36 319	46 319
7320C	7320AC	100	215	47	3	1.1	114	201	2.5	40.2	162	175	61.9	165	178	2 600	3 500	36 320	46 320

(0)4 尺寸系列

7406AC	30	90	23	1.5	0.6	39	81	1		26.1	42.5	32.2	7 500	10 000	46 406
7407AC	35	100	25	1.5	0.6	44	91	1.5		29	53.8	42.5	6 300	8 500	46 407
7408AC	40	110	27	2	1	50	100	2		31.8	62.0	49.5	6 000	8 000	46 408
7409AC	45	120	29	2	1	55	110	2		34.6	66.8	52.8	5 300	7 000	46 409
7410AC	50	130	31	2.1	1.1	62	118	2.1		37.4	76.5	64.2	5 000	6 700	46 410
7412AC	60	150	35	2.1	1.1	72	138	2.1		43.1	102	90.8	4 300	5 600	46 412
7414AC	70	180	42	3	1.1	84	166	2.5		51.5	125	125	3 600	4 800	46 414
7416AC	80	200	48	3	1.1	94	186	2.5		58.1	152	162	3 200	4 300	46 416

注：1. 表中 C_r 值，对于 (1)0、(0)2 系列为真空脱气轴承钢的负荷能力，对于 (0)3、(0)4 系列为电炉轴承钢的负荷能力。
2. 表中 r_s、r_{1s}、r_{as} 分别为 r、r_1、r_a 的单向倒角尺寸。

资料十
密封件

表 2-10-1　　　　　毡圈油封(摘自 JB/ZQ 4606—1997)　　　　　mm

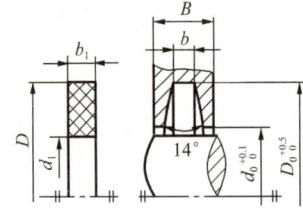

标记示例：
毡圈 40 JB/ZQ 4606—1997
($d=40$ 的毡圈)
材料：半粗羊毛毡

轴径 d	毡圈 D	毡圈 d_1	毡圈 b_1	槽 D_0	槽 d_0	槽 b	B_{min} 钢	B_{min} 铸铁	轴径 d	毡圈 D	毡圈 d_1	毡圈 b_1	槽 D_0	槽 d_0	槽 b	B_{min} 钢	B_{min} 铸铁
16	29	14	6	28	16	5	10	12	120	142	118	10	140	122	8	15	18
20	33	19		32	21				125	147	123		145	127			
25	39	24	7	38	26	6	12	15	130	152	128		150	132			
30	45	29		44	31				135	157	133		155	137			
35	49	34		48	36				140	162	138		160	143			
40	53	39		52	41				145	167	143		165	148			
45	61	44	8	60	46	7	12	15	150	172	148		170	153			
50	69	49		68	51				155	177	153		175	158			
55	74	53		72	56				160	182	158	12	180	163	10	18	20
60	80	58		78	61				165	187	163		185	168			
65	84	63		85	66				170	192	168		190	173			
70	90	68		88	71				175	197	173		195	178			
75	94	73		92	77				180	202	178		200	183			
80	102	78	9	100	82				185	207	183		205	188			
85	107	83		105	87				190	212	188		210	193			
90	112	88		110	92												
95	117	93	10	115	97	8	15	18	195	217	193		215	198			
100	122	98		120	102				200	222	198		220	203			
105	127	103		125	107				210	232	208	14	230	213	12	20	22
110	132	108		130	112				220	242	213		240	223			
115	137	113		135	117				230	252	223		250	233			
									240	262	238		260	243			

注：毡圈材料有半粗羊毛毡和细羊毛毡，其中半粗羊毛毡用于线速度≤3 m/s，细羊毛毡用于线速度≤10 m/s。

表 2-10-2　　　　　迷宫式密封槽(摘自 JB/ZQ 4245—2006)　　　　　　　　　mm

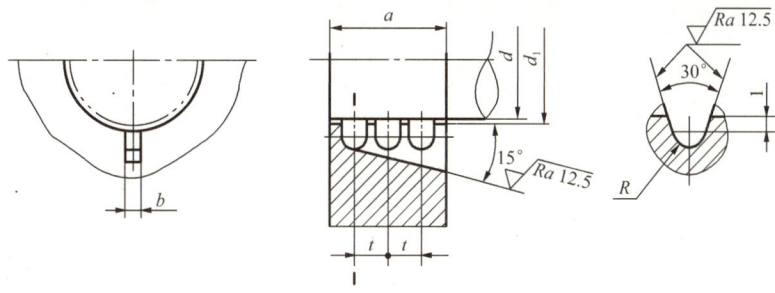

$d_1 = d + 1$

$a_{\min} = nt + R (n—槽数)$

轴径 d	R	t	b	轴径 d	R	t	b
25～80	1.5	4.5	4	>120～180	2.5	7.5	6
>80～120	26	5	>180		3	9	7

注：1. 表中 R、t、b 尺寸,在个别情况下可用于与表中不相对应的轴径上。
　　2. 一般 n=2～4 个,使用 3 个的较多。

表 2-10-3　　　　通用 O 形橡胶密封圈(摘自 GB/T 3452.1—2005)　　　　　mm

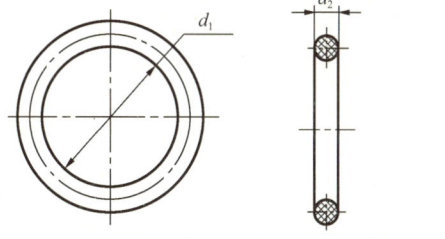

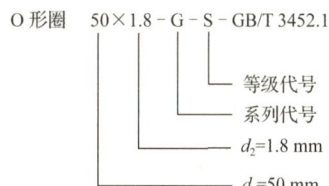

标记示例：
O 形圈　50×1.8-G-S-GB/T 3452.1
　　　　　　　　　　　　等级代号
　　　　　　　　　　系列代号
　　　　　　　　d_2=1.8 mm
　　　　　　d_1=50 mm

d_1		d_2					d_1		d_2				
尺寸	公差±	1.8±0.08	2.65±0.09	3.55±0.10	5.3±0.13	7±0.15	尺寸	公差±	1.8±0.08	2.65±0.09	3.55±0.10	5.3±0.13	7±0.15
1.8	0.13	×					18	0.25	×	×	×		
2	0.13	×					19	0.25	×	×	×		
2.24	0.13	×					20	0.26	×	×	×		
2.5	0.13	×					20.6	0.26	×	×	×		
2.8	0.13	×					21.2	0.27	×	×	×		
3.15	0.14	×					22.4	0.28	×	×	×		
3.55	0.14	×					23	0.29	×	×	×		
3.75	0.14	×					23.6	0.29	×	×	×		
4	0.14	×					24.3	0.30	×	×	×		
4.5	0.15	×					25	0.30	×	×	×		
4.75	0.15	×					25.8	0.31	×	×	×		
4.87	0.15	×					26.5	0.31	×	×	×		
5	0.15	×					27.3	0.32	×	×	×		

续表

d_1		d_2					d_1		d_2				
尺寸	公差±	1.8±0.08	2.65±0.09	3.55±0.10	5.3±0.13	7±0.15	尺寸	公差±	1.8±0.08	2.65±0.09	3.55±0.10	5.3±0.13	7±0.15
5.15	0.15	×					28	0.32	×	×	×		
5.3	0.15	×					29	0.33	×	×	×		
5.6	0.16	×					30	0.34	×	×	×		
6	0.16	×					31.5	0.35	×	×	×		
6.3	0.16	×					32.5	0.36	×	×	×		
6.7	0.16	×					33.5	0.36	×	×	×		
6.9	0.16	×					34.5	0.37	×	×	×		
7.1	0.16	×					35.5	0.38	×	×	×		
7.5	0.17	×					36.5	0.38	×	×	×		
8	0.17	×					37.5	0.39	×	×	×		
8.5	0.17	×					38.7	0.40	×	×	×		
8.75	0.18	×					40	0.41	×	×	×	×	
9	0.18	×					41.2	0.42	×	×	×	×	
9.5	0.18	×					42.5	0.43	×	×	×	×	
9.75	0.18	×					43.7	0.44	×	×	×	×	
10	0.19	×					45	0.44	×	×	×	×	
10.6	0.19	×	×				46.2	0.45	×	×	×	×	
11.2	0.20	×	×				47.5	0.46	×	×	×	×	
11.6	0.20	×	×				48.7	0.47	×	×	×	×	
11.8	0.19	×	×				50	0.48	×	×	×	×	
12.1	0.21	×	×				51.5	0.49		×	×	×	
12.5	0.21	×	×				53	0.50		×	×	×	
12.8	0.21	×	×				54.5	0.51		×	×	×	
13.2	0.21	×	×				56	0.52		×	×	×	
14	0.22	×	×				58	0.54		×	×	×	
14.5	0.22	×	×				60	0.55		×	×	×	
15	0.22	×	×				61.5	0.56		×	×	×	
15.5	0.23	×	×				63	0.57		×	×	×	
16	0.23	×	×				65	0.58		×	×	×	
17	0.24	×	×				67	0.60		×	×	×	

注：表中"×"表示包括的规格。

表 2-10-4　密封元件为弹性材料的旋转轴唇形密封圈（摘自 GB/T 13871.1—2007）　　mm

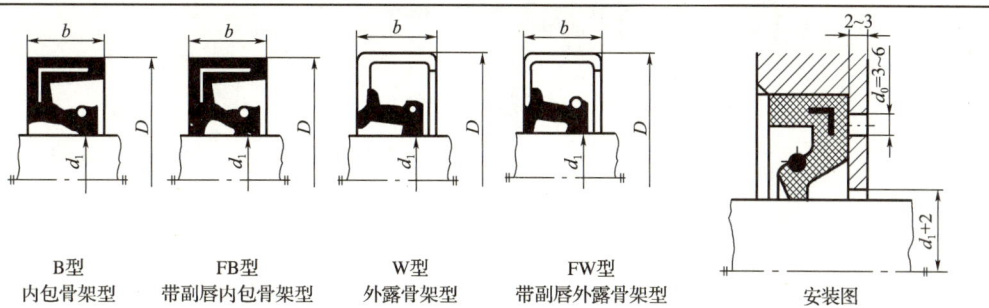

d_1	D	b	d_1	D	b	d_1	D	b
6	16,22	7	25	40,47,52	7	60	80,85	8
7	22		28	40,47,52		65	85,90	
8	22,24		30	42,47,(50),52		70	90,95	
9	22		32	45,47,52		75	95,100	10
10	22,25		35	50,52,55		80	100,110	
12	24,25,30		38	55,58,62	8	85	110,120	
15	26,30,35		40	55,(60),62		90	(115),120	
16	30,(35)		42	55,62		95	120	
18	30,35		45	62,65		100	125	12
20	35,40,(45)		50	68,(70),72		105	(130)	
22	35,40,47		55	72,(75),80		110	140	

表 2-10-5　旋转轴唇形密封圈的安装要求（摘自 GB/T 13871.1—2007）　　mm

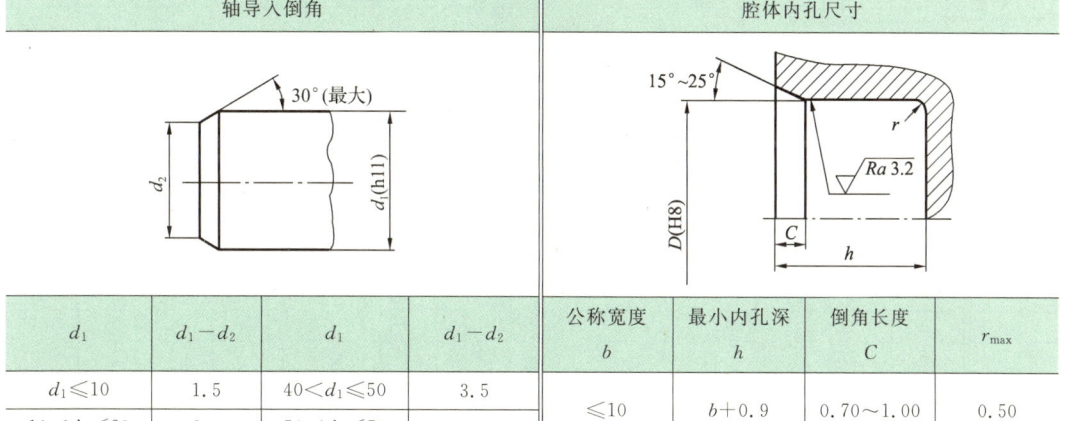

d_1	d_1-d_2	d_1	d_1-d_2	公称宽度 b	最小内孔深 h	倒角长度 C	r_{max}
$d_1 \leqslant 10$	1.5	$40 < d_1 \leqslant 50$	3.5	$\leqslant 10$	$b+0.9$	0.70～1.00	0.50
$10 < d_1 \leqslant 20$	2.0	$50 < d_1 \leqslant 70$	4.0				
$20 < d_1 \leqslant 30$	2.5	$70 < d_1 \leqslant 95$	4.5	> 10	$b+1.2$	1.20～1.50	0.75
$30 < d_1 \leqslant 40$	3.0	$95 < d_1 \leqslant 130$	5.5				

注：1. 标准中考虑到国内实际情况，除全部采用国际标准尺寸外，还补充了若干种国内常用的规格，并加括号以示区别。

2. 安装要求中若轴端采用倒圆倒入导角，则倒圆的圆角半径不小于表中的 d_1-d_2 之值。

资料十一 电动机

表 2-11-1　　Y 系列(IP44)三相异步电动机的技术数据

电动机型号	额定功率/kW	满载转速/(r·min^{-1})	堵转转矩/额定转矩	最大转矩/额定转矩	质量/kg	电动机型号	额定功率/kW	满载转速/(r·min^{-1})	堵转转矩/额定转矩	最大转矩/额定转矩	质量/kg
同步转速 3 000 r/min，2 极							同步转速 1 500 r/min，4 极					
Y80M1-2	0.75	2 825	2.2	2.3	16	Y80M1-4	0.55	1 390	2.4	2.3	17
Y80M2-2	1.1	2 825	2.2	2.3	17	Y80M2-4	0.75	1 390	2.3	2.3	18
Y90S-2	1.5	2 840	2.2	2.3	22	Y90S-4	1.1	1 400	2.3	2.3	22
Y90L-2	2.2	2 840	2.2	2.3	25	Y90L-4	1.5	1 400	2.3	2.3	27
Y100L-2	3	2 870	2.2	2.3	33	Y100L1-4	2.2	1 430	2.2	2.3	34
Y112M-2	4	2 890	2.2	2.3	45	Y100L2-4	3	1 430	2.2	2.3	38
Y132S1-2	5.5	2 900	2.0	2.3	64	Y112M-4	4	1 440	2.2	2.3	43
Y132S2-2	7.5	2 900	2.0	2.3	70	Y132S-4	5.5	1 440	2.2	2.3	68
Y160M1-2	11	2 930	2.0	2.3	117	Y132M-4	7.5	1 440	2.2	2.3	81
Y160M2-2	15	2 930	2.0	2.3	125	Y160M-4	11	1 460	2.2	2.3	123
Y160L-2	18.5	2 930	2.0	2.2	147	Y160L-4	15	1 460	2.2	2.3	144
Y180M-2	22	2 940	2.0	2.2	180	Y180M-4	18.5	1 470	2.0	2.2	182
Y200L1-2	30	2 950	2.0	2.2	240	Y180L-4	22	1 470	2.0	2.2	190
Y200L2-2	37	2 950	2.0	2.2	255	Y200L-4	30	1 470	2.0	2.2	270
Y225M-2	45	2 970	2.0	2.2	309	Y225S-4	37	1 480	1.9	2.2	284
Y250M-2	55	2 970	2.0	2.2	403	Y225M-4	45	1 480	1.9	2.2	320
同步转速 1 000 r/min，6 极							Y250M-4	55	1480	2.0	2.2	427
Y90S-6	0.75	910	2.0	2.2	23	Y280S-4	75	1480	1.9	2.2	562
Y90L-6	1.1	910	2.0	2.2	25	Y280M-4	90	1480	1.9	2.2	667
Y100L-6	1.5	940	2.0	2.2	33	同步转速 750 r/min，8 极					
Y112M-6	2.2	940	2.0	2.2	45	Y132S-8	2.2	710	2.0	2.0	63
Y132S-6	3	960	2.0	2.2	63	Y132M-8	3	710	2.0	2.0	79
Y132M1-6	4	960	2.0	2.2	73	Y160M1-8	4	720	2.0	2.0	118
Y132M2-6	5.5	960	2.0	2.2	84	Y160M2-8	5.5	720	2.0	2.0	119
Y160M-6	7.5	970	2.0	2.0	119	Y160L-8	7.5	720	2.0	2.0	145
Y160L-6	11	970	2.0	2.0	147	Y180L-8	11	730	1.7	2.0	184
Y180L-6	15	970	2.0	2.0	195	Y200L-8	15	730	1.8	2.0	250
Y200L1-6	18.5	970	2.0	2.0	220	Y225S-8	18.5	730	1.7	2.0	266
Y200L2-6	22	970	2.0	2.0	250	Y225M-8	22	740	1.8	2.0	292
Y225M-6	30	980	1.7	2.0	292	Y250M-8	30	740	1.8	2.0	405
Y250M-6	37	980	1.7	2.0	408	Y280S-8	37	740	1.8	2.0	520
Y280S-6	45	980	1.8	2.0	536	Y280M-8	45	740	1.8	2.0	592
Y280M-6	55	980	1.8	2.0	596	Y315S-8	55	740	1.8	2.0	1 000

注：电动机型号意义：以 Y132S2-2-B3 为例，Y 表示系列代号；132 表示机座中心高；S2 表示短机座(M—中机座，L—长机座)和第二种铁芯长度；2 表示电动机的极数；B3 表示安装形式。

资料十一 电动机

表 2-11-2　　　　　　　　　Y 系列电动机安装代号

安装形式	基本安装型	由 B3 派生安装型				
	B3	V5	V6	B6	B7	B8
安装图	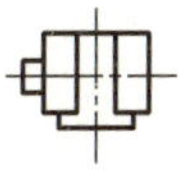	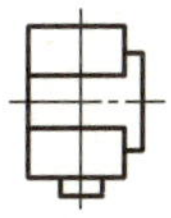	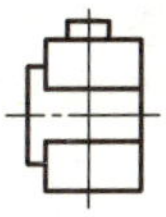			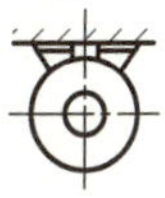
中心高/mm	80～280	80～160				

安装形式	基本安装型	由 B5 派生安装型		基本安装型	由 B35 派生安装型	
	B5	V1	V3	B35	V15	V36
安装图	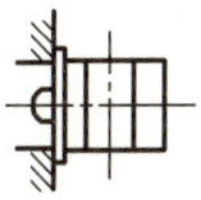	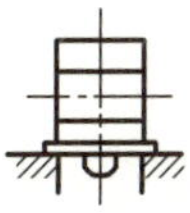	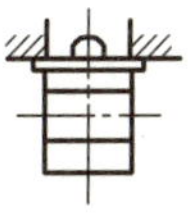	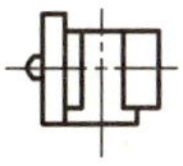	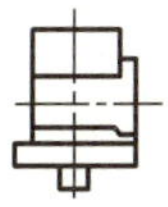	
中心高/mm	80～225	80～280	80～160	80～280	80～160	

表 2-11-3　机座带底脚、端盖无凸缘(B3、B6、B7、B8、V5、V6 型)电动机的安装及外形尺寸　　mm

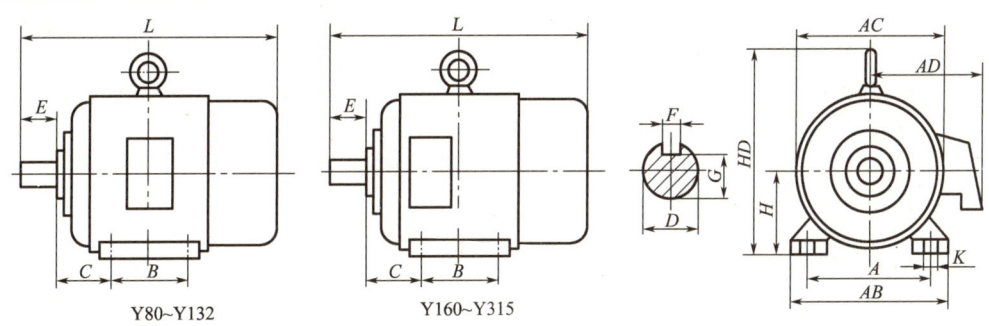

机座号	极数	A	B	C	D	E	F	G	H	K	AB	AC	AD	HD	L
80M	2,4	125	100	50	19	40	6	15.5	80	10	165	175	150	175	290
90S	2,4,6	140	100	56	24	+0.009 −0.004	50	8	20	90	10	180	195	160	195	315
90L			125													340
100L		160		63					24	100		205	215	180	245	380
112M		190	140	70	28		60			112	12	245	240	190	265	400
132S	2,4,6,8	216	178	89	38		80	10	33	132		280	275	210	315	475
132M																515
160M		254	210	108	42	+0.018 +0.002		12	37	160	14.5	330	335	265	385	605
160L			254													650
180M		279	241	121	48		110	14	42.5	180		355	380	285	430	670
180L			279													710
200L		318	305	133	55			16	49	200		395	420	315	475	775
225S	4,8	356	286	149	60		140	18	53	225	18.5	435	475	345	530	820
225M	2		311		55		110	16	49							815
	4,6,8				60	+0.030 +0.011			53							845
250M	2	406	349	168				18		250		490	515	385	575	930
	4,6,8				65		140		58							
280S	2	457	368	190	65			18	58	280	24	550	580	410	640	1 000
	4,6,8				75			20	67.5							
280M	2		419		65			18	58							1 050
	4,6,8				75			20	67.5							

资料十二 润滑油

表 2-12-1　　常用润滑油的主要性能和用途

名　称	代　号	运动黏度(40 ℃)/$(mm^2 \cdot s^{-1})$	倾点≤/℃	闪点(开口)≥/℃	主要用途
全损耗系统用油(GB/T 443—1989)	L-AN5	4.14～5.06	−5	80	用于各种高速轻载机械轴承的润滑和冷却(循环式或油箱式),如转速在 10 000 r/min 以上的精密机械、机床及纺织纱锭的润滑和冷却
	L-AN7	6.12～7.48		110	
	L-AN10	9.00～11.00		130	
	L-AN15	13.5～16.5		150	用于小型机床齿轮箱、传动装置轴承、中小型电动机、风动工具等
	L-AN22	19.8～24.2			
	L-AN32	28.8～35.2			用于一般机床齿轮变速箱、中小型机床导轨及 100 kW 以上电动机轴承
	L-AN46	41.4～50.6		160	主要用在大型机床、大型刨床上
	L-AN68	61.2～74.8			
	L-AN100	90.0～110		180	主要用在低速重载的纺织机械及重型机床、锻压、铸工设备上
	L-AN105	135～165			
工业闭式齿轮油(GB 5903—2011)	L-CKC68	61.2～74.8	−12	180	适用于煤炭、水泥、冶金工业部门大型封闭式齿轮传动装置的润滑
	L-CKC100	90.0～110			
	L-CKC150	135～165		200	
	L-CKC220	198～242	−9		
	L-CKC320	288～352			
	L-CKC460	414～506			
	L-CKC680	612～748	−5		
液压油(GB 11118.1—2011)	L-HL15	13.5～16.5	−12	140	适用于机床和其他设备的低压齿轮泵,也可用于使用其他抗氧防锈型润滑油的机械设备(如轴承和齿轮等)
	L-HL22	19.8～24.2	−9	165	
	L-HL32	28.8～35.2		175	
	L-HL46	41.4～50.6		185	
	L-HL68	61.2～74.8	−6	195	
	L-HL100	90～110		205	
涡轮机油(GB 11120—2011)	L-TSA32	28.8～35.2	−6	186	适用于电力、工业、船舶及其他工业汽轮机组、水轮机组的润滑
	L-TSA46	41.4～50.6			
	L-TSA68	61.2～74.8		195	
	L-TSA100	90.0～110.0			
L-CKE/P 蜗轮蜗杆油(SH/T 0094—1991)	220	198～242	−12	200	用于铜-钢配对的圆柱形、承受重负荷、传动中有振动和冲击的蜗轮蜗杆副
	320	288～352			
	460	414～506		220	
	680	612～748			
	1000	900～1 100			

表 2-12-2　　常用润滑脂的主要性能和用途

名　称	代　号	滴点≥/℃	工作锥入度 (25 ℃,150 g) ×(1/10)/mm	主要用途
钙基润滑脂 (GB/T 491—2008)	ZG-1	80	310～340	有耐水性能。用于工作温度低于55～60 ℃的各种工农业、交通运输机械设备轴承的润滑,特别是有水或潮湿的场合
	ZG-2	85	265～295	
	ZG-3	90	220～250	
	ZG-4	95	175～205	
钠基润滑脂 (GB/T 492—1989)	ZN-2	160	265～295	不耐水或不耐潮湿。用于工作温度在-10～110 ℃的一般中负荷机械设备轴承的润滑
	ZN-3		220～250	
通用锂基润滑脂 (GB/T 7324—2010)	ZL-1	170	310～340	有良好的耐水性和耐热性。适用于温度在-20～120 ℃的各种机械的滚动轴承、滑动轴承及其他摩擦部位的润滑
	ZL-2	175	265～295	
	ZL-3	180	220～250	
钙钠基润滑脂 (SH/T 0368—1992)	ZGN-2	120	250～290	用于工作温度在80～100 ℃、有水分或较潮湿环境中工作的机械的润滑,多用于铁路机车、列车、小电动机、发电机中滚动轴承(温度较高者)的润滑,不适于低温工作
	ZGN-3	135	200～240	
石墨钙基润滑脂 (SH/T 0369—1992)	ZG-S	80	—	人字齿轮、起重机、挖掘机的底盘齿轮,矿山机械,绞车钢丝绳等高负荷、大压力、小速度的粗糙机械润滑及一般开式齿轮润滑,能耐潮湿
滚珠轴承脂 (SH/T 0386—1992)	ZGN69-2	120	250～290 (-40 ℃时为30)	用于机车、汽车、电动机及其他机械的滚动轴承润滑
7407号齿轮润滑脂 (SH/T 0469—1994)		160	75～90	适用于各种低速,中、重载荷齿轮、链和联轴器等的润滑,使用温度≤120 ℃,可承受冲击载荷
高温润滑脂 (GB 11124—1989)	7014-1号	280	62～75	适用于高温下各种滚动轴承的润滑,也可用于一般滑动轴承和齿轮的润滑,使用温度为-40～200 ℃

注:表中主要用途仅供参考。

参 考 文 献

[1] 陈立德.机械设计基础课程设计指导书[M].5版.北京:高等教育出版社,2019.
[2] 孙宝钧.机械设计课程设计[M].北京:机械工业出版社,2011.
[3] 吴宗泽,高志,罗圣国,李威.机械设计课程设计手册[M].5版.北京:高等教育出版社,2018.
[4] 胡家秀.简明机械零件设计手册[M].北京:机械工业出版社,2004.
[5] 王家禾.机械设计基础实训教程[M].上海:上海交通大学出版社,2003.
[6] 骆素君,朱诗顺.机械课程设计简明手册[M].2版.北京:化学工业出版社,2011.
[7] 成大先.机械设计手册[M].6版.北京:化学工业出版社,2017.
[8] 宋宝玉.机械设计课程设计指导书[M].2版.北京:高等教育出版社,2016.
[9] 徐灏.机械设计手册[M].北京:机械工业出版社,2003.
[10] 冯立艳,李建功,陆玉.机械设计课程设计[M].5版.北京:机械工业出版社,2020.
[11] 吴宗泽,王忠祥,卢颂峰.机械设计禁忌800例[M].2版.北京:机械工业出版社,2006.